R 85 A 34

179491

8

HISTORIQUE ET DESCRIPTION

DES PROCÉDÉS DU

DAGUERRÉOTYPE

et du Diorama,

PAR DAGUERRE,

Peintre, inventeur du Diorama, officier de la Légion d'honneur, membre de plusieurs académies, etc., etc.

PARIS.

SUSSE FRÈRES, ÉDITEURS,
PLACE DE LA BOURSE, 31;

DELLOYE, LIBRAIRE,
PLACE DE LA BOURSE, 15.

1839.

132. 1376

V

Re. p.
=30

35365

HISTORIQUE

ET DESCRIPTION DES PROCÉDÉS

DU DAGUERRÉOTYPE ET DU DIORAMA,

PAR DAGUERRE.

AVIS DES ÉDITEURS.

En vente, chez MM. Susse frères, place de la Bourse, 31. les appareils du *Daguerréotype*, exécutés suivant les instructions de M. Daguerre. Les optiques en ayant été confiés à M. Ch. Chevalier, ingénieur-opticien, qui les garantit, ne laissent aucun doute sur leur parfaite exécution.

P. S. On peut dès à présent voir, dans les galeries de MM. Susse frères, des essais produits par leurs appareils.

PARIS. IMPRIMÉ PAR BÉTHUNE ET PLON.

HISTORIQUE ET DESCRIPTION

DES PROCÉDÉS DU

DAGUERRÉOTYPE

ET DU DIORAMA,

PAR DAGUERRE,

Peintre, inventeur du Diorama, officier de la Légion-d'Honneur, membre de plusieurs Académies, etc., etc

PARIS.

SUSSE FRÈRES, ÉDITEURS,
PLACE DE LA BOURSE, 31.

DELLOYE, LIBRAIRE,
PLACE DE LA BOURSE. 13.

1839

TABLE DES MATIÈRES.

FIN DE LA TABLE

CHAMBRE DES DÉPUTÉS.

DEUXIÈME SESSION 1839.

EXPOSÉ DES MOTIFS

ET PROJET DE LOI

Tendant à accorder : 1° au sieur Daguerre, une pension annuelle et viagère de 6,000 francs ; 2° au sieur Niepce fils, une pension annuelle et viagère de 4,000 francs, pour la cession faite par eux du procédé servant à fixer les images de la chambre obscure,

Présentés par M. le Ministre de l'intérieur.

SÉANCE DU 15 JUIN 1839.

MESSIEURS,

Nous croyons aller au-devant des vœux de la Chambre en vous proposant d'acquérir, au nom de l'État, la propriété d'une découverte aussi utile qu'inespérée, et qu'il importe, dans l'intérêt des sciences et des arts, de pouvoir livrer à la publicité.

Vous savez tous, et quelques-uns d'entre vous ont déjà pu s'en convaincre par eux-mêmes, qu'après quinze ans de recherches persévérantes et dispendieuses, M. Daguerre est parvenu à fixer les images de la chambre obscure et à créer ainsi, en quatre ou cinq minutes, par la puissance de la lumière, des dessins où les objets conservent mathématiquement leurs formes jusque dans leurs plus petits détails, où les effets de la perspective linéaire, et la dégradation des tons provenant de la perspective aérienne, sont accusés avec une délicatesse inconnue jusqu'ici.

1

Nous n'avons pas besoin d'insister sur l'utilité d'une semblable invention. On comprend quelles ressources, quelles facilités toutes nouvelles elle doit offrir pour l'étude des sciences; et quant aux arts, les services qu'elle peut leur rendre ne sauraient se calculer.

Il y aura pour les dessinateurs et pour les peintres, même les plus habiles, un sujet constant d'observations dans ces reproductions si parfaites de la nature. D'un autre côté, ce procédé leur offrira un moyen prompt et facile de former des collections d'études qu'ils ne pourraient se procurer, en les faisant eux-mêmes, qu'avec beaucoup de temps et de peine, et d'une manière bien moins parfaite.

L'art du graveur, appelé à multiplier, en les reproduisant, ces images calquées sur la nature elle-même, prendra un nouveau degré d'importance et d'intérêt.

Enfin, pour le voyageur, pour l'archéologue, aussi bien que pour le naturaliste, l'appareil de M. Daguerre deviendra d'un usage continuel et indispensable. Il leur permettra de fixer leurs souvenirs sans recourir à la main d'un étranger. Chaque auteur désormais composera la partie géographique de ses ouvrages : en s'arrêtant quelques instants devant le monument le plus compliqué, devant le site le plus étendu, il en obtiendra sur-le-champ un véritable *fac simile.*

Malheureusement pour les auteurs de cette belle découverte, il leur est impossible d'en faire un objet d'industrie, et de s'indemniser des sacrifices que leur ont imposés tant d'essais si long-temps infructueux. Leur invention n'est pas susceptible d'être protégée par un brevet. Dès qu'elle sera connue, chacun pourra s'en servir. Le plus maladroit fera des dessins aussi exactement qu'un artiste exercé. Il faut donc nécessairement que ce procédé appartienne à tout le monde ou qu'il reste inconnu. Et quels justes regrets n'exprimeraient pas tous les amis de l'art et de la science, si un tel secret devait demeurer impénétrable au public, s'il devait se perdre et mourir avec ses inventeurs.

Dans une circonstance aussi exceptionnelle, il appartient au Gouvernement d'intervenir. C'est à lui de mettre la société en possession de la découverte dont elle demande à jouir dans un intérêt général, sauf à donner aux auteurs de cette découverte le prix ou plutôt la récompense de leur invention.

Tels sont les motifs qui nous ont déterminé à conclure avec messieurs Daguerre et Niepce une convention provisoire, dont le projet de loi que nous avons l'honneur de vous soumettre a pour objet de vous demander la sanction.

Avant de vous faire connaître les bases de ce traité, quelques détails sont nécessaires.

La possibilité de fixer passagèrement les images de la chambre obscure était connue dès le siècle dernier ; mais cette découverte ne promettait aucun résultat utile, puisque la substance sur laquelle les rayons solaires dessinaient les images n'avait pas la propriété de les conserver, et qu'elle devenait complétement noire aussitôt qu'on l'exposait à la lumière du jour.

M. Niepce père, inventa un moyen de rendre ces images permanentes. Mais, bien qu'il eût résolu ce problème difficile, son invention n'en restait pas moins encore très-imparfaite. Il n'obtenait que la silhouette des objets, et il lui fallait au moins douze heures pour exécuter le moindre dessin.

C'est en suivant des voies entièrement différentes, et en mettant de côté les traditions de M. Niepce, que M. Daguerre est parvenu aux résultats admirables dont nous sommes aujourd'hui témoins, c'est-à-dire l'extrême promptitude de l'opération, et à la reproduction de la perspective aérienne et de tout le jeu des ombres et des clairs. La méthode de M. Daguerre lui est propre, elle n'appartient qu'à lui et se distingue de celle de son prédécesseur, aussi bien dans sa cause que dans ses effets.

Toutefois, comme avant la mort de M. Niepce père, il avait été passé entre lui et M. Daguerre un traité par lequel ils s'engageaient mutuellement à partager tous les avantages qu'ils pourraient recueillir de leurs découvertes, et comme cette stipulation a été étendue à M. Niepce fils, il serait impossible aujourd'hui de traiter isolément avec M. Daguerre, même du procédé qu'il a non-seulement perfectionné, mais inventé. Il ne faut pas oublier, d'ailleurs, que la méthode de monsieur Niepce, bien qu'elle soit demeurée imparfaite, serait peut-être susceptible de recevoir quelques améliorations, d'être appliquée utilement, en certaines circonstances, et qu'il importe, par conséquent, pour l'histoire de la science, qu'elle soit publiée en même temps que celle de M. Daguerre.

Ces explications vous font comprendre, Messieurs, par quelle raison et à quel titre MM. Daguerre et Niepce fils ont dû intervenir dans la convention que vous trouverez annexée au projet de loi.

1.

Une somme de 200,000 francs nous avait d'abord été demandée pour prix de la cession des procédés de MM. Niepce et Daguerre, et nous devons dire que des offres venant des souverains étrangers justifiaient cette prétention. Néanmoins, nous avons obtenu qu'au lieu du capital de la somme demandée, il ne serait accordé qu'un intérêt viager, savoir : une pension de 10,000 francs reversible seulement par moitié sur les veuves.

L'attribution de cette pension sera faite ainsi :

6,000 fr. à M. Daguerre.

4,000 fr. à M. Niepce fils.

Indépendamment des motifs que nous avons indiqués plus haut, il en est un qui, à lui seul, justifie ce partage inégal. M. Daguerre a consenti à livrer à la publicité les procédés de peinture et de physique au moyen desquels il produit les effets du Diorama, invention dont il possède seul le secret, et qu'il serait regrettable de laisser perdre.

Avant de signer la convention, M. Daguerre a déposé entre nos mains, sous un pli cacheté, la description du procédé de M. Niepce, celle de sa propre méthode, et, enfin, celle du Diorama.

Nous pouvons affirmer, devant la Chambre, que ces descriptions sont complètes et sincères, car un membre de cette assemblée, dont le nom seul est une incontestable autorité *, qui a reçu de M. Daguerre la communication confidentielle de tous ses procédés, et qui les a lui-même expérimentés, a bien voulu prendre connaissance de toutes les pièces du dépôt et nous en garantir la sincérité.

Nous espérons, Messieurs, que vous approuverez, et le motif qui a dicté cette convention, et les conditions sur lesquelles elle repose. Vous vous associerez à une pensée qui a déjà excité une sympathie générale, et vous ne souffrirez pas que nous laissions jamais aux nations étrangères la gloire de doter le monde savant et artiste d'une des plus merveilleuses découvertes dont s'honore notre pays.

* M. Arago.

PROJET DE LOI.

LOUIS-PHILIPPE,

Roi des Français,

À tous présents et à venir, salut.

Nous avons ordonné et ordonnons que le projet de loi dont la teneur suit sera présenté, en notre nom, à la Chambre des Députés par notre Ministre secrétaire d'État au département de l'intérieur, que nous chargeons d'en exposer les motifs et d'en soutenir la discussion.

ARTICLE PREMIER.

La convention provisoire conclue le 14 juin 1839, entre le Ministre de l'intérieur, agissant pour le compte de l'État, et MM. Daguerre et Niepce fils, et annexée à la présente loi, est approuvée.

ART. 2.

Il est accordé à M. Daguerre une pension annuelle et viagère de 6,000 francs; à M. Niepce fils, une pension annuelle et viagère de 4,000 francs.

ART. 3.

Ces pensions seront inscrites au livre des pensions civiles du Trésor public, avec jouissance, à partir de la promulgation de la présente loi. Elles ne seront pas sujettes aux lois prohibitives du cumul. Elles seront réversibles, par moitié, sur les veuves de MM. Daguerre et Niepce.

Fait au palais des Tuileries, le 15 juin 1839.

Signé LOUIS-PHILIPPE.

Par le Roi :

Le Ministre secrétaire d'État,

Signé DUCHATEL.

Entre les soussignés, M. Duchâtel, Ministre secrétaire d'État au département de l'intérieur, d'une part ;

Et MM. Daguerre (Louis-Jacques-Mandé), et Niepce fils (Joseph-Isidore), d'autre part ;

A été convenu ce qui suit :

ARTICLE PREMIER.

MM. Daguerre et Niepce fils font cession à M. le Ministre de l'intérieur, agissant pour le compte de l'État, du procédé de M. Niepce père, avec les améliorations de M. Daguerre, et du dernier procédé de M. Daguerre, servant à fixer les images de la chambre obscure. Ils s'engagent à déposer entre les mains de M. le Ministre de l'intérieur un paquet cacheté renfermant l'historique et la description exacte et complète desdits procédés.

ART. 2.

M. Arago, membre de la Chambre des Députés et de l'Académie des sciences, qui a déjà pris connaissance desdits procédés, vérifiera préalablement toutes les pièces dudit dépôt, et en certifiera la sincérité.

ART. 3.

Le dépôt ne sera ouvert et la description des procédés livrée à la publicité qu'après l'adoption du projet de loi dont il sera parlé ci-dessous ; alors M. Daguerre devra, s'il en est requis, opérer en présence d'une Commission nommée par le M. le Ministre de l'intérieur.

ART. 4.

M. Daguerre fait, en outre, cession et s'engage à donner, de la même manière, communication des procédés de peinture et de physique qui caractérisent son invention du Diorama.

ART. 5.

Il sera tenu de livrer à la publicité tous les perfectionnements de l'une et l'autre invention qu'il pourra trouver par la suite.

ART. 6.

Pour prix des présentes cessions, M. le Ministre de l'intérieur s'engage à demander aux Chambres, pour M. Daguerre, qui accepte, une pension annuelle et viagère de six mille francs.

Pour M. Niepce, qui accepte pareillement, une pension annuelle et viagère de quatre mille francs.

Ces pensions seront inscrites au livre des pensions civiles du Trésor public. Elles ne seront pas sujettes aux lois prohibitives du cumul. Elles seront reversibles par moitié sur les veuves de MM. Daguerre et Niepce.

ART. 7.

— Dans le cas où les Chambres n'adopteraient pas, dans la session actuelle, le projet de loi portant concession desdites pensions, la présente convention deviendrait nulle de plein droit, et il serait fait remise à MM. Daguerre et Niepce de leur dépôt cacheté.

ART. 8.

La présente convention sera enregistrée moyennant un droit fixe de un franc.

Fait triple à Paris, le 14 juin 1839.

Approuvé l'écriture.

Signé T. DUCHATEL.

Approuvé l'écriture.

Signé DAGUERRE.

Approuvé l'écriture.

Signé J. NIEPCE.

Pour copie conforme à l'original pour être annexé au projet de loi,

Le Ministre secrétaire d'État au département de l'intérieur,

Signé DUCHATEL.

CHAMBRE DES DÉPUTÉS.

DEUXIÈME SESSION 1839.

RAPPORT [1]

Fait au nom de la Commission * chargée de l'examen du projet de loi tendant à accorder : 1° au sieur Daguerre, une pension annuelle et viagère de 6,000 francs ; 2° au sieur Niepce fils, une pension annuelle et viagère de 4,000 francs, pour la cession faite par eux du procédé servant à fixer les images de la chambre obscure,

PAR M. ARAGO,

DÉPUTÉ DES PYRÉNÉES - ORIENTALES.

SÉANCE DU 3 JUILLET 1839.

MESSIEURS,

L'intérêt qu'on a manifesté, dans cette enceinte et ailleurs, pour les travaux dont M. Daguerre a mis dernièrement les produits sous les yeux du public, a été vif, éclatant, unanime. Aussi la Chambre, suivant toute probabilité, n'attend-elle de sa Commission qu'une approbation pure et simple du projet de loi que M. le Ministre de l'intérieur a présenté. Cependant, après y avoir réfléchi mûrement, il nous a semblé que la mission dont vous nous aviez investis nous imposait d'autres devoirs. Nous avons cru que, tout en applaudissant à l'heureuse idée d'instituer des récompenses nationales en faveur d'inventeurs dont

---

(1) On a joint à ce rapport les notes que M. Arago y a ajoutées en le publiant dans les *comptes rendus* des séances de l'Académie des Sciences.

* Cette Commission est composée de MM. Arago, Étienne, Carl, Vatout, de Beaumont, Tournoüer, Delessert (François), Combarel de Leyval, Vitet.

la législation ordinaire des brevets n'aurait pas garanti les intérêts, il fallait, dès les premiers pas dans cette nouvelle voie, montrer avec quelle réserve, avec quel scrupule la Chambre procéderait. Soumettre à un examen minutieux et sévère l'œuvre de génie sur laquelle nous devons aujourd'hui statuer, ce sera décourager les médiocrités ambitieuses qui, elles aussi, aspireraient à jeter dans cette enceinte leurs productions vulgaires et sans avenir ; ce sera prouver que vous entendez placer dans une région très élevée les récompenses qui pourront vous être demandées au nom de la gloire nationale ; que vous ne consentirez jamais à les en faire descendre, à ternir leur éclat en les prodiguant.

Ce peu de mots fera comprendre à la Chambre comment nous avons été conduits à examiner ;

Si le procédé de M. Daguerre est incontestablement une invention ;

Si cette invention rendra à l'archéologie et aux beaux-arts des services de quelque valeur ;

Si elle pourra devenir usuelle ;

Enfin si l'on doit espérer que les sciences en tireront parti.

Un physicien napolitain, *Jean-Baptiste Porta*, reconnut, il y a environ deux siècles, que si l'on perce *un très petit trou* dans le volet de la fenêtre d'une chambre bien close, ou, mieux encore, dans une plaque métallique mince appliquée à ce volet, tous les objets extérieurs dont les rayons peuvent atteindre le trou, vont se peindre sur le mur de la chambre qui lui fait face, avec des dimensions réduites ou agrandies, suivant les distances ; avec des formes et des situations relatives exactes, du moins dans une grande étendue du tableau ; avec les couleurs naturelles. *Porta* découvrit, peu de temps après, que le trou n'a nullement besoin d'être petit ; qu'il peut avoir une largeur quelconque quand on le couvre d'un de ces verres bien polis, qui, à raison de leur forme, ont été appelés des lentilles.

Les images produites par l'intermédiaire du trou ont peu d'intensité. Les autres brillent d'un éclat proportionnel à l'étendue superficielle de la lentille qui les engendre. Les premières ne sont jamais exemptes de confusion. Les images des lentilles, au contraire, quand on les reçoit exactement au foyer, ont des contours d'une grande netteté. Cette netteté est devenue vraiment étonnante, depuis l'invention des lentilles achromatiques ; depuis qu'aux lentilles simples, composées d'une seule espèce de verre, et possédant, dès-lors, autant de foyers distincts qu'il y a de couleurs différentes dans la lumière blanche, on a pu substituer des *lentilles achromatiques*, des lentilles qui réunissent tous les rayons possibles dans un seul foyer ; depuis, aussi, que la forme périscopique a été adoptée.

Porta fit construire des chambres noires portatives. Chacune d'elles était composée d'un tuyau, plus ou moins long, armé d'une lentille. L'écran blanchâtre en papier ou en carton, sur lequel les images allaient se peindre, occupait le foyer. Le physicien napolitain destinait ses petits appareils aux personnes qui ne savent pas dessiner. Suivant lui, pour obtenir des vues parfaitement exactes des objets les plus compliqués, il devait suffire de suivre, avec la pointe d'un crayon, les contours de l'image focale.

Ces prévisions de *Porta* ne se sont pas complètement réalisées. Les peintres, les dessinateurs ; ceux, particulièrement, qui exécutent les vastes toiles des Panoramas et des Dioramas, ont bien encore quelquefois recours à la chambre noire ; mais c'est seulement pour tracer, en masse, les contours des objets ; pour les placer dans les vrais rapports de grandeur et de position ; pour se conformer à toutes les exigences de la *perspective linéaire*. Quant aux effets dépendants de l'imparfaite diaphanéité de notre atmosphère, et qu'on a caractérisés par le terme assez impropre de *perspective aérienne*, les peintres exercés eux-mêmes n'espéraient pas que, pour les reproduire avec exactitude, la chambre obscure pût leur être d'aucun secours. Aussi, n'y a-t-il personne qui, après avoir remarqué la netteté de contours, la vérité de formes et de couleur, la dégradation exacte de teintes qu'offrent les images engendrées par cet instrument, n'ait vivement regretté qu'elles ne se conservassent pas d'*elles-mêmes* ; n'ait appelé de ses vœux la découverte de quelque moyen de les fixer sur l'écran focal : aux yeux de tous, il faut également le dire, c'était là un rêve destiné à prendre place parmi les conceptions extravagantes d'un Wilkins ou d'un Cyrano de Bergerac. Le rêve, cependant, vient de se réaliser. Prenons, Messieurs, l'invention dans son germe et marquons-en soigneusement les progrès.

Les alchimistes réussirent jadis à unir l'argent à l'acide marin. Le produit de la combinaison était un sel blanc qu'ils appelèrent *lune* ou *argent corné* [*]. Ce sel jouit de la propriété remarquable de noircir

---

[*] Dans l'ouvrage de FABRICIUS (*De rebus metallicis*), imprimé en 1566, il est déjà longuement question d'une sorte de *mine d'argent* qu'on appe-

à la lumière, de noircir d'autant plus vite que les rayons qui le frappent sont plus vifs. Couvrez une feuille de papier d'une couche d'argent corné ou, comme on dit aujourd'hui, d'une couche de chlorure d'argent ; formez sur cette couche, à l'aide d'une lentille, l'image d'un objet ; les parties obscures de l'image, les parties sur lesquelles ne frappe aucune lumière resteront blanches ; les parties fortement éclairées deviendront complétement noires ; les demi-teintes seront représentées par des gris plus ou moins foncés.

Placez une gravure sur du papier enduit de chlorure d'argent, et exposez le tout à la lumière solaire, la gravure en dessus. Les tailles remplies de noir arrêteront les rayons ; les parties correspondantes de l'enduit, celles que ces tailles touchent et recouvrent, conserveront leur blancheur primitive. Là, au contraire, où l'eau forte, le burin n'ont pas agi ; là où le papier a conservé sa demi-diaphanéité, la lumière solaire passera et ira noircir la couche saline. Le résultat nécessaire de l'opération sera donc une image semblable à la gravure par la forme, mais inverse quant aux teintes : le blanc s'y trouvera reproduit en noir, et réciproquement.

Ces applications de la si curieuse propriété du chlorure d'argent, découverte par les anciens alchimistes, sembleraient devoir s'être présentées d'elles-mêmes et de bonne heure ; mais ce n'est pas ainsi que procède l'esprit humain. Il nous faudra descendre jusqu'aux premières années du XIXe siècle pour trouver les premières traces de l'art photographique.

Alors, Charles, notre compatriote, se servira, dans ses cours, d'un papier enduit, pour engendrer des silhouettes à l'aide de l'action lumineuse. Charles est mort sans décrire la préparation dont il faisait usage ; et comme, sous peine de tomber dans la plus inextricable confusion, l'historien des sciences ne doit s'appuyer que sur des documents imprimés, authentiques, il est de toute justice de faire remonter les premiers linéaments du nouvel art à un mémoire de Wedgwood, ce fabricant si célèbre dans le monde industriel, par le perfectionnement des poteries et par l'invention d'un pyromètre destiné à mesurer les plus hautes températures.

lait *argent corné*, ayant la couleur et la transparence de la corne, la fusibilité et la mollesse de la cire. Cette substance, exposée à la lumière, passait du *gris jaunâtre au violet*, et, par une action plus long-temps prolongée, *presque au noir*. C'était l'argent corné naturel.

Le mémoire de Wedgwood parut en 1802, dans le Nᵒ de juin du journal *Of the royal Institution of Great Britain*. L'auteur veut, soit à l'aide de peaux, soit avec des papiers enduits de chlorure ou de nitrate d'argent, copier les peintures des vitraux des églises, copier des gravures. « Les images de la chambre obscure (nous rap-» portons fidèlement un passage du mémoire), il les trouve trop » faibles pour produire, dans un temps modéré, de l'effet sur du ni-» trate d'argent. » (*The images formed by means of a camera obscura, have been found to be too faint to produce, in any moderate time, an effect upon the nitrate of silver.*)

Le commentateur de Wedgwood, l'illustre Humphry Davy, ne contredit pas l'assertion relative aux images de la chambre obscure. Il ajoute seulement, quant à lui, qu'il est parvenu à copier de très-petits objets au microscope solaire, mais seulement à *une courte distance de la lentille*.

Au reste, ni Wedgwood, ni sir Humphry Davy ne trouvèrent le moyen, l'opération une fois terminée, d'enlever à leur enduit (qu'on nous passe l'expression), d'enlever à la toile de leurs tableaux la pro-priété de se noircir à la lumière. Il en résultait que les copies qu'ils avaient obtenues ne pouvaient être examinées au grand jour ; car, au grand jour, tout, en très-peu de temps, y serait devenu d'un noir uniforme. Qu'était-ce, en vérité, qu'engendrer des images sur les-quelles on ne pouvait jeter un coup-d'œil qu'à la dérobée, et même seulement à la lumière d'une lampe, qui disparaissaient en peu d'in-stants si on les examinait au jour ?

Après les essais imparfaits, insignifiants, dont nous venons de don-ner l'analyse, nous arriverons, sans rencontrer sur notre route aucun intermédiaire, aux recherches de MM. Niepce et Daguerre.

Feu M. Niepce était un propriétaire retiré dans les environs de Châlons-sur-Saône. Il consacrait ses loisirs à des recherches scientifi-ques. Une d'elles, concernant certaine machine où la force élastique de l'air, brusquement échauffé, devait remplacer l'action de la vapeur, subit, avec assez de succès, une épreuve fort délicate : l'examen de l'Académie des sciences. Les recherches photographiques de M. Niepce paraissent remonter jusqu'à l'année 1814. Ses premières relations avec M. Daguerre sont du mois de janvier 1826. L'indiscrétion d'un opti-cien de Paris lui apprit alors que M. Daguerre était occupé d'expé-riences ayant aussi pour but de fixer les images de la chambre ob-

scure. Ces faits sont consignés dans des lettres que nous avons eues
sous les yeux. En cas de contestation, la date *certaine* des premiers
travaux photographiques de M. Daguerre serait donc l'année 1826.

M. Niepce se rendit en Angleterre en 1827. Dans le mois de décembre de cette même année, il présenta un mémoire sur ses travaux
photographiques à la Société royale de Londres. Le mémoire était accompagné de plusieurs échantillons sur métal, produit des méthodes
déjà découvertes alors par notre compatriote. A l'occasion d'une réclamation de priorité, ces échantillons, encore en bon état, sont loyalement sortis naguère des collections de divers savants anglais. Ils prouvent, sans réplique, que *pour la copie photographique des
gravures*, que pour la formation, à l'usage des graveurs, de planches à l'état d'ébauches avancées, M. Niepce connaissait, en 1827, le
moyen de faire correspondre les ombres aux ombres, les demi-teintes
aux demi-teintes, les clairs aux clairs; qu'il savait, de plus, ses copies une fois engendrées, les rendre insensibles à l'action ultérieure et
noircissante des rayons solaires. En d'autres termes, par le choix de
ses enduits, l'ingénieux expérimentateur de Châlons résolut, dès 1827,
un problème qui avait défié la haute sagacité d'un Wegwood, d'un
Humphry Davy.

L'acte d'association (enregistré) de MM. Niepce et Daguerre, pour
l'exploitation en commun des méthodes photographiques, est du 14 décembre 1829. Les actes postérieurs, passés entre M. Isidore Niepce
fils, comme héritier de son père, et M. Daguerre, font mention, premièrement, de perfectionnements apportés par le peintre de Paris aux
méthodes du physicien de Châlons; en second lieu, de procédés entièrement neufs, découverts par M. Daguerre, et doués de l'avantage
(ce sont les propres expressions d'un des actes) « de reproduire les
» images avec soixante ou quatre-vingts fois plus de promptitude » que
les procédés anciens.

Ceci servira à expliquer diverses clauses du contrat (passé entre
M. le ministre de l'intérieur d'une part, MM. Daguerre et Niepce fils
de l'autre), qui est annexé au projet de loi.

Dans ce que nous disions tout-à-l'heure des travaux de M. Niepce,
on aura sans doute remarqué ces mots restrictifs : *pour la copie
photographique des gravures.* C'est qu'en effet, après une multitude d'essais infructueux, M. Niepce avait, lui aussi, à peu près renoncé à reproduire les images de la chambre obscure; c'est que les

préparations dont il faisait usage ne noircissaient pas assez vite sous l'action lumineuse; c'est qu'il lui fallait dix à douze heures pour engendrer un dessin; c'est que, pendant de si longs intervalles de temps, les ombres portées se déplaçaient beaucoup; c'est qu'elles passaient de la gauche à la droite des objets; c'est que ce mouvement, partout où il s'opérait, donnait naissance à des teintes plates, uniformes; c'est que, dans les produits d'une méthode aussi défectueuse, tous les effets résultant des contrastes d'ombre et de lumière étaient perdus; c'est que, malgré ces immenses inconvénients, on n'était pas même toujours sûr de réussir; c'est qu'après des précautions infinies, des causes insaisissables, fortuites, faisaient qu'on avait tantôt un résultat passable, tantôt une image incomplète, ou qui laissait çà et là de larges lacunes; c'est, enfin, qu'exposés *aux rayons* solaires, les enduits sur lesquels les images se dessinaient, s'ils ne noircissaient pas, se divisaient, se séparaient par petites écailles *.

* Voici une indication abrégée du procédé de M. *Niepce* et des perfectionnements que M. *Daguerre* y apporta.

M. *Niepce* faisait dissoudre du *bitume sec de Judée* dans de l'huile de lavande. Le résultat de cette évaporation était un vernis épais que le physicien de Châlons appliquait *par tamponnement* sur une lame métallique polie, par exemple, sur du cuivre plaqué, ou recouvert d'une lame d'argent.

La plaque, après avoir été soumise à une douce chaleur, restait couverte d'une couche adhérente et blanchâtre : c'était le bitume en poudre.

La planche ainsi recouverte était placée au foyer de la chambre noire. Au bout d'un certain temps on apercevait sur la poudre de faibles linéaments de l'image. M. Niepce eut la pensée ingénieuse que ces traits, peu perceptibles, pourraient être renforcés. En effet, en plongeant sa plaque dans un mélange d'huile de lavande et de pétrole, il reconnut que les régions de l'enduit *qui avaient été exposées à la lumière*, restaient presque intactes, tandis que les autres se dissolvaient rapidement et laissaient ensuite le métal à nu. Après avoir lavé la plaque avec de l'eau, on avait donc l'image formée dans la chambre noire, les clairs correspondant aux clairs et les ombres aux ombres. Les clairs étaient formés par la lumière diffuse, provenant de la matière blanchâtre et non polie du bitume; les ombres, par les parties polies et dénudées du miroir : à la condition, bien entendu, que ces parties se *mirassent* dans des objets sombres; à la condition qu'on les plaçait dans une telle position qu'elles ne pussent pas envoyer *spéculairement* vers l'œil quelque lumière un peu vive. Les demi-teintes, quand elles existaient, pouvaient résulter de la partie du vernis qu'une pénétration partielle du dissolvant avait rendue moins mate que les régions restées intactes.

En prenant la contre-partie de toutes ces imperfections, on aurait une énumération, à peu près complète, des mérites de la méthode que M. Daguerre a découverte à la suite d'un nombre immense d'essais minutieux, pénibles, dispendieux.

Le bitume de Judée réduit en poudre impalpable, n'a pas une teinte blanche bien prononcée. On serait plus près de la vérité en disant qu'il est gris. Le contraste entre les clairs et l'ombre, dans les dessins de M. *Niepce*, était donc très-peu marqué. Pour ajouter à l'effet, l'auteur avait songé à noircir, *après coup*, les parties nues du métal, à les faire attaquer soit par le sulfure de potasse, soit par l'iode ; mais il paraît n'avoir songé que cette dernière substance, exposée à la lumière du jour, aurait éprouvé changements continuels. En tout cas, on voit que M. *Niepce* ne prétendait pas se servir d'iode comme substance à *sensitive* ; qu'il ne voulait l'appliquer qu'à titre de substance noircissante, et seulement *après la formation de l'image dans la chambre noire* ; après le renforcement ou, si on l'aime mieux, après le dégagement de cette image par l'action du dissolvant. Dans une pareille opération que seraient devenues les demi-teintes ?

Au nombre des principaux inconvénients de la méthode de M. *Niepce*, il faut ranger cette circonstance qu'un dissolvant trop fort enlevait quelquefois le vernis par places, à peu près en totalité, et qu'un dissolvant trop faible ne dégageait pas suffisamment l'image. La réussite n'était jamais assurée.

M. *Daguerre* imagina une méthode qu'on appela la *méthode Niepce perfectionnée*. Il substitua d'abord le résidu de la distillation de l'huile de lavande au bitume, à cause de sa plus grande blancheur et de sa plus grande sensibilité. Ce résidu était dissous dans l'alcool ou dans l'éther. Le liquide déposé ensuite en une couche très-mince et horizontale sur le métal y laissait, en s'évaporant, un enduit pulvérulent uniforme, résultat qu'on n'obtenait pas par tamponnement.

Après l'exposition de la plaque, ainsi préparée, au foyer de la chambre noire, M. *Daguerre* la plaçait horizontalement et à distance au-dessus d'un vase contenant une huile essentielle à la température ordinaire. Dans cette opération, renfermée entre des limites convenables et qu'un simple coup d'œil, au reste, permettait d'apprécier,

La vapeur provenant de l'huile, laissait intactes les particules de l'enduit pulvérulent qui avaient reçu l'action d'une vive lumière ;

Elle pénétrait partiellement, et plus ou moins, les régions du même enduit qui, dans la chambre noire, correspondaient aux demi-teintes.

Les parties restées dans l'ombre étaient, elles, pénétrées entièrement.

Ici le métal ne se montrait à nu dans aucune des parties du dessin ; ici les clairs étaient formés par une agglomération d'une multitude de particules blanches et très-mates ; les demi-teintes par des particules également

Les plus faibles rayons modifient la substance du Daguerréotype.
L'effet se produit avant que les ombres solaires aient eu le temps de
se déplacer d'une manière appréciable. Les résultats sont certains, si
on se conforme à des prescriptions très-simples. Enfin, le⸱ ⸱ ⸱ une

condensées, mais dont la vapeur avait plus ou moins affaibli la blancheur
et le mat; les ombres par des particules, toujours en même nombre, et
devenues entièrement diaphanes.

Plus d'éclat, une plus grande variété de tons, plus de régularité, la certitude de réussir dans la manipulation, de ne jamais emporter aucune
portion de l'image; tels étaient les avantages de la méthode modifiée de
M. Daguerre, sur celle de M. Niepce; malheureusement le résidu de l'huile
de lavande, quoique plus sensible à l'action de la lumière que le bitume
de Judée, est encore assez paresseux pour que les dessins ne commencent
à y poindre qu'après un temps fort long.

Le genre de modification que le résidu de l'huile de lavande reçoit par
l'action de la lumière, et à la suite duquel les vapeurs des huiles essentielles pénètrent cette matière plus ou moins difficilement, nous est encore
inconnu. Peut-être doit-on le regarder comme un simple dessèchement
de particules; peut-être ne faut-il y voir qu'un nouvel arrangement mo-
léculaire. Cette double hypothèse expliquerait comment la modification
s'affaiblit graduellement et disparait à la longue, même dans la plus pro-
fonde obscurité.

Le Daguerréotype.

Dans le procédé auquel le public reconnaissant a donné le nom de *Daguerréotype*, l'enduit de la lame de plaqué, *la toile du tableau* qui reçoit
les images, est une couche *jaune d'or* dont la lame se recouvre lorsqu'on
la place horizontalement, pendant un certain temps et l'argent en dessous,
dans une boîte au fond de laquelle il y a quelques parcelles d'iode aban-
données à *l'évaporation spontanée.*

Quand cette plaque sort de la chambre obscure, *on n'y voit absolument
aucun trait.* La couche jaunâtre *d'iodure d'argent* qui a reçu l'image, pa-
rait encore d'une nuance parfaitement uniforme dans toute son étendue.

Toutefois, si la plaque est exposée, dans une seconde boîte, au courant
ascendant *de vapeur mercurielle* qui s'élève d'une capsule où le liquide est
monté, par l'action d'une lampe à esprit de vin, à 75° centigrades, cette
vapeur produit aussitôt le plus curieux effet. Elle s'attache en abondance
aux parties de la surface de la plaque qu'une vive *lumière a frappées*; elle
⸱ ⸱ ⸱ intactes les régions restées dans l'ombre; enfin, elle se précipite sur
les espaces qu'occupaient les demi-teintes, en plus ou moins grandes
⸱ ⸱ ⸱ suivant que par leur intensité ces demi-teintes se rapprochaient
⸱ ⸱ ⸱ ou moins des parties claires ou des parties noires. En s'aidant de la

2

fois produites, l'action des rayons du soleil, continué pendant des années, n'en altère ni la pureté, ni l'éclat, ni l'harmonie.

Votre Commission a pris les dispositions nécessaires pour que le jour de la discussion de la loi tous les membres de la Chambre, s'ils

faible lumière d'une chandelle, l'opérateur peut suivre, pas à pas, la formation graduelle de l'image; il peut voir la vapeur mercurielle, comme un pinceau de la plus extrême délicatesse, aller marquer du ton convenable chaque partie de la plaque.

L'image de la chambre noire ainsi reproduite, on doit empêcher que la lumière du jour ne l'altère. M. *Daguerre* arrive à ce résultat, en agitant la plaque dans de *l'hyposulfite de soude* et en la lavant ensuite avec de *l'eau distillée chaude.*

D'après M. *Daguerre*, l'image se forme mieux sur une lame de plaqué (sur une lame d'argent superposée à une lame de cuivre), que sur une lame d'argent isolée. Ce fait, en le supposant bien établi, semblerait prouver que l'électricité joue un rôle dans ces curieux phénomènes.

La lame de plaqué doit être d'abord poncée, et décapée ensuite avec l'acide nitrique étendu d'eau. L'influence si utile que joue ici l'acide pourrait bien tenir, comme le pense M. Pelouze, à ce que l'acide enlève à la surface de l'argent les dernières molécules de cuivre.

Quoique l'épaisseur de la couche jaune d'iode, d'après diverses pesées de M. *Dumas*, ne semble pas devoir s'élever à *un millionnième de millimètre,* il importe, pour la parfaite dégradation des ombres et des lumières, que cette épaisseur soit exactement la même partout. M. *Daguerre* empêche qu'il se dépose plus d'iode aux bords qu'au centre, en mettant autour de sa plaque une languette du même métal, large de 6 millimètres environ et qu'on fixe avec des clous sur la tablette en bois qui porte le tout. On ne sait pas encore expliquer d'une manière satisfaisante le mode physique d'action de cette languette.

Voici une circonstance non moins mystérieuse : si l'on veut que l'image produise le maximum d'effet dans la position ordinaire des tableaux (dans la position verticale), il sera nécessaire que la plaque se présente sous l'inclinaison de 45°, au courant ascendant vertical de la vapeur mercurielle. Si la plaque était horizontale au moment de la précipitation du mercure, au moment de la naissance de l'image, ce serait sous l'angle de 45° qu'il faudrait la regarder pour trouver le maximum d'effet.

Quand on cherche à expliquer le singulier procédé de M. *Daguerre*, il se présente immédiatement à l'esprit l'idée que la lumière, dans la chambre obscure, détermine la vaporisation de l'iode, partout où elle frappe la couche dorée; que là le métal est mis à nu; que la vapeur mercurielle agit librement sur ces parties dénudées, pendant la seconde opération, et y produit un amalgame blanc et mat; que le lavage avec le jugent convenable, puissent apprécier les fruits du Daguerréotype, et se faire eux-mêmes une idée de l'utilité de cet appareil. A l'inspection de plusieurs des tableaux qui passeront sous vos yeux, chacun songera à l'immense parti qu'on aurait tiré, pendant l'expédition d'Égypte, d'un moyen de reproduction si exact et si prompt; chacun sera frappé de cette réflexion, que si la photographie avait été connue en 1798, nous aurions aujourd'hui des images fidèles d'un bon nombre de tableaux emblématiques, dont la cupidité des Arabes et le vandalisme de certains voyageurs a privé à jamais le monde savant.

l'hyposulfite a pour but, chimiquement, l'enlèvement des parties d'iode dont la lumière n'a pas produit le dégagement; artistiquement, la mise à nu des parties miroitantes qui doivent faire les noirs.

Mais dans cette théorie, que seraient ces demi-teintes sans nombre et si merveilleusement dégradées qu'offrent les dessins de M. Daguerre? Un seul fait prouvera d'ailleurs que les choses ne sont pas aussi simples :

La lame de plaqué n'augmente pas de poids d'une manière appréciable en se couvrant de la couche d'iode jaune d'or. L'augmentation, au contraire, est très-sensible sous l'action de la vapeur mercurielle; eh bien ! M. Pelouze s'est assuré qu'après le lavage dans l'hyposulfite, la plaque, malgré la présence d'un peu d'amalgame à la surface, *pèse moins qu'avant de commencer l'opération.* L'hyposulfite enlève donc de l'argent. L'examen chimique du liquide montre qu'il en est réellement ainsi.

Pour rendre compte des effets de lumière que les dessins de M. Daguerre présentent, il semblait suffisant d'admettre que la lame d'argent se couvrait, pendant l'action de la vapeur mercurielle, de sphérules d'amalgame; que ces sphérules, très-rapprochées dans les clairs, diminuaient graduellement en nombre dans les demi-teintes, jusqu'aux noirs où il ne devait y en avoir aucune.

La conjecture du physicien a été vérifiée. M. Dumas a reconnu au microscope que les clairs et les demi-teintes sont réellement formés par des sphérules dont le diamètre lui a paru, ainsi qu'à M. Adolphe *Brongniart,* être très-régulièrement *d'un huit-centième de millimètre.* Mais alors pourquoi la nécessité d'une inclinaison de la plaque de 45°, au moment de la précipitation de la vapeur mercurielle. Cette inclinaison, en la supposant indispensable avec M. Daguerre, ne semblait-elle pas indiquer l'intervention d'aiguilles ou de filets cristallins qui se prenaient, qui se solidifiaient, qui se groupaient toujours verticalement dans un liquide parfait ou dans un demi-liquide, et avaient ainsi, relativement à la plaque, une position dépendante de l'inclinaison qu'on avait donnée à celle-ci?

On fera peut-être des milliers de beaux dessins avec le *Daguerréotype,* avant que son mode d'action ait été bien complètement analysé.

Pour copier les millions et millions de hiéroglyphes qui couvrent, même à l'extérieur, les grands monuments de Thèbes, de Memphis, de Karnak, etc., il faudrait des vingtaines d'années et des légions de dessinateurs. Avec le Daguerréotype, un seul homme pourrait mener à bonne fin cet immense travail. Munissez l'institut d'Égypte de deux ou trois appareils de M. Daguerre, et sur plusieurs des grandes planches de l'ouvrage célèbre, fruit de notre immortelle expédition, de vastes étendues de hiéroglyphes réels iront remplacer des hiéroglyphes fictifs ou de pure convention; et les dessins surpasseront partout en fidélité, en couleur locale, les œuvres des plus habiles peintres; et les images photographiques étant soumises dans leur formation aux règles de la géométrie, permettront, à l'aide d'un petit nombre de données, de remonter aux dimensions exactes des parties les plus élevées, les plus inaccessibles des édifices.

Ces souvenirs où les savants, où les artistes, si zélés et si célèbres attachés à l'armée d'Orient, ne pourraient, sans se méprendre étrangement, trouver l'ombre d'un blâme, reporteront sans doute les pensées vers les travaux qui s'exécutent aujourd'hui dans notre propre pays, sous le contrôle de la Commission des monuments historiques. D'un coup d'œil, chacun apercevra alors l'immense rôle que les procédés photographiques sont destinés à jouer dans cette grande entreprise nationale; chacun comprendra aussi que les nouveaux procédés se distingueront par l'économie, genre de mérite qui, pour le dire en passant, marche rarement dans les arts avec la perfection des produits.

Se demande-t-on, enfin, si l'art, envisagé en lui-même, doit attendre quelques progrès de l'examen, de l'étude de ces images dessinées par ce que la nature offre de plus subtil, de plus délié : par des rayons lumineux? M. Paul Delaroche va nous répondre.

Dans une note rédigée à notre prière, ce peintre célèbre déclare que es procédés de M. Daguerre : « Portent si loin la perfection de cer-»taines conditions essentielles de l'art, qu'ils deviendront pour les »peintres, même les plus habiles, un sujet d'observations et d'études. » Ce qui le frappe dans les dessins photographiques, c'est que le fini d'un « précieux inimaginable, ne trouble en rien la tranquillité des »masses, ne nuit en aucune manière à l'effet général. » « La correction »des lignes, dit ailleurs M. Delaroche, la précision des formes est aussi »complète que possible dans les dessins de M. Daguerre, et l'on y re- »connaît en même temps un modèle large, énergique et un ensemble

» aussi riche de ton que d'effet.... Le peintre trouvera dans ce procédé
» un moyen prompt de faire des collections d'études qu'il ne pourrait
» obtenir autrement qu'avec beaucoup de temps, de peine et d'une
» manière bien moins parfaite, quel que fût d'ailleurs son talent. »
Après avoir combattu par d'excellents arguments les opinions de ceux
qui se sont imaginé que la photographie nuirait à nos artistes et surtout à nos habiles graveurs, M. Delaroche termine sa note par cette
réflexion : « En résumé, l'admirable découverte de M. Daguerre est
» un immense service rendu aux arts. »

Nous ne commettrons pas la faute de rien ajouter à un pareil témoignage.

On se le rappelle, sans doute, parmi les questions que nous nous
sommes posées en commençant ce rapport, figure celle de savoir si les
méthodes photographiques pourront devenir usuelles.

Sans divulguer ce qui est, ce qui doit rester secret jusqu'à l'adoption, jusqu'à la promulgation de la loi, nous pouvons dire que les tableaux sur lesquels la lumière engendre les admirables dessins de
M. Daguerre, sont des tables de plaqué, c'est-à-dire des planches de
cuivre recouvertes d'une mince feuille d'argent. Il eût été sans doute
préférable pour la commodité des voyageurs et, aussi, sous le point de
vue économique, qu'on pût se servir de papier. Le papier imprégné de
chlorure ou de nitrate d'argent, fut, en effet, la première substance
dont M. Daguerre fit choix ; mais le manque de sensibilité, la confusion
des images, le peu de certitude des résultats, les accidents qui résul-
taient souvent de l'opération destinée à transformer les clairs en noirs
et les noirs en clairs, ne pouvaient manquer de décourager un si habile
artiste. S'il eût persisté dans cette première voie, ses dessins photographiques figureraient peut-être dans les collections, à titre de produits d'une expérience de physique curieuse : mais, assurément, la
Chambre n'aurait pas à s'en occuper. Au reste, si trois ou quatre
francs, prix de chacune des plaques dont M. Daguerre fait usage, paraissent un prix élevé, il est juste de dire que la même plaque peut
recevoir successivement cent dessins différents.

Le succès inouï de la méthode actuelle de M. Daguerre tient en
partie à ce qu'il opère sur une couche de matière d'une minceur extrême, sur une véritable pellicule. Nous n'avons donc pas à nous occuper du prix des ingrédients qui la composent. Ce prix, par sa petitesse,
ne serait vraiment pas assignable.

Un seul·des membres de la Commission a vu opérer l'artiste et a opéré lui-même. Ce sera donc sous la responsabilité personnelle de ce Député que nous pourrons entretenir la Chambre du Daguerréotype envisagé sous le point de vue de la commodité.

Le Daguerréotype ne comporte pas une seule manipulation qui ne soit à la portée de tout le monde. Il ne suppose aucune connaissance de dessin, il n'exige aucune dextérité manuelle. En se conformant, de point en point, a certaines prescriptions très-simples et très-peu nombreuses, il n'est personne qui ne doive réussir aussi certainement et aussi bien que M. Daguerre lui-même.

La promptitude de la méthode est peut-être ce qui a le plus étonné le public. En effet, dix à douze minutes sont à peine nécessaires dans les temps sombres de l'hiver, pour prendre la vue d'un monument, d'un quartier de ville, d'un site.

En été, par un beau soleil, ce temps peut être réduit de moitié. Dans les climats du Midi, deux à trois minutes suffiront certainement. Mais, il importe de le remarquer, ces dix à douze minutes d'hiver ; ces cinq à six minutes d'été, ces deux à trois minutes des régions méridionales, expriment seulement le temps pendant lequel la lame de plaqué a besoin de recevoir l'image lenticulaire. A cela, il faut ajouter le temps du déballage et de l'arrangement de la chambre noire, le temps de la préparation de la plaque, le temps que dure la petite opération destinée à rendre le tableau, une fois créé, insensible à l'action lumineuse. Toutes ces opérations réunies pourront s'élever à trente minutes ou à trois quarts d'heure. Ils se faisaient donc illusion, ceux qui, naguère, au moment d'entreprendre un voyage, déclaraient vouloir profiter de tous les moments où la diligence graviraît lentement des montées, pour prendre des vues du pays. On ne s'est pas moins trompé lorsque, frappé des curieux résultats obtenus par des reports de pages, de gravures des plus anciens ouvrages, on a rêvé la reproduction, la multiplication des dessins photographiques par des reports lithographiques. Ce n'est pas seulement dans le monde moral qu'on a les défauts de ses qualités : la maxime trouve souvent son application dans les arts. C'est au poli parfait, à l'incalculable minceur de la couche sur laquelle M. Daguerre opère, que sont dûs le fini, le velouté, l'harmonie des dessins photographiques. En frottant, en tamponnant de pareils dessins, en les soumettant à l'action de la presse ou du rouleau, on les détruirait sans retour. Mais aussi, personne imagina-t-il jamais de tirailler fortement un ruban de dentelles, ou de brosser les ailes d'un papillon *?

L'académicien qui connaît déjà depuis quelques mois les préparations sur lesquelles naissent les beaux dessins soumis à notre examen, n'a pas cru devoir tirer encore parti du secret qu'il tenait de l'honorable confiance de M. Daguerre. Il a pensé qu'avant d'entrer dans la large carrière de recherches que les procédés photographiques viennent d'ouvrir aux physiciens, il était de sa délicatesse d'attendre qu'une rémunération nationale eût mis les mêmes moyens d'investigation aux mains de tous les observateurs. Nous ne pourrons donc guère, en parlant de l'utilité scientifique de l'invention de notre compatriote, procéder que par voie de conjectures. Les faits, au reste, sont clairs, palpables, et nous avons peu à craindre que l'avenir nous démente.

La préparation sur laquelle M. Daguerre opère est un réactif beaucoup plus sensible à l'action de la lumière que tous ceux dont on s'était servi jusqu'ici. Jamais les rayons de la lune, nous ne disons pas à l'état naturel, mais condensés au foyer de la plus grande lentille, au foyer du plus large miroir réfléchissant, n'avaient produit d'effet physique perceptible. Les lames de plaqué préparées par M. Daguerre blanchissent au contraire à tel point, sous l'action de ces mêmes rayons et des opérations qui lui succèdent, qu'il est permis d'espérer qu'on pourra faire des cartes photographiques de notre satellite. C'est dire

---

* La nécessité de préserver de tout contact les dessins obtenus à l'aide du Daguerréotype, m'avait paru devoir être un obstacle sérieux à la propagation de la méthode. Aussi, pendant la discussion des chambres, demandais-je à cor et à cris, d'essayer quels seraient sur ces dessins les effets d'un vernis. M. *Daguerre* étant peu enclin à rien adopter qui nuise, même légèrement, aux propriétés artistiques de ses productions, j'ai adressé ma prière à M. *Dumas*. Ce célèbre chimiste a trouvé que les dessins provenant du Daguerréotype peuvent être vernis. Il suffit de verser sur la plaque métallique une dissolution bouillante *d'une* partie de dextrine dans cinq parties d'eau. Si l'on trouve que ce vernis n'agit pas *à la longue* sur les composés mercuriels dont l'image est formée, un important problème sera résolu. Le vernis, en effet, disparaissant quand on plonge la plaque au milieu d'une masse d'eau bouillante, on sera toujours le maître de replacer toutes choses comme M. *Daguerre* le veut, et, d'autre part, pendant un voyage on n'aura pas couru le risque de gâter ses collections.

qu'en quelques minutes on exécutera un des travaux les plus longs, les plus minutieux, les plus délicats de l'astronomie.

Une branche importante des sciences d'observation et de calcul, celle qui traite de l'intensité de la lumière, la *photométrie*, a fait jusqu'ici peu de progrès. Le physicien arrive assez bien à déterminer les intensités comparatives de deux lumières voisines l'une de l'autre et qu'il aperçoit simultanément ; mais on n'a que des moyens imparfaits d'effectuer cette comparaison quand la condition de simultanéité n'existe pas ; quand il faut opérer sur une lumière visible à présent et une lumière qui ne sera visible qu'après et lorsque la première aura disparu.

Les lumières artificielles de comparaison, auxquelles, dans les cas dont nous venons de parler, l'observateur est réduit à avoir recours, sont rarement douées de la permanence, de la fixité désirables ; rarement, et surtout quand il s'agit des astres, nos lumières artificielles ont la blancheur nécessaire. C'est pour cela qu'il y a de fort grandes différences entre les déterminations des intensités comparatives du soleil et de la lune, du soleil et des étoiles, données par des savants également habiles ; c'est pour cela que les conséquences sublimes qui résultent de ces dernières comparaisons, relativement à l'humble place que notre soleil doit occuper parmi les milliards de soleils dont le firmament est parsemé, sont encore entourées d'une certaine réserve, même dans les ouvrages des auteurs les moins timides.

N'hésitons pas à le dire, les réactifs découverts par M. Daguerre hâteront les progrès d'une des sciences qui honorent le plus l'esprit humain. Avec leur secours, le physicien pourra procéder désormais par voie d'intensités absolues : il comparera les lumières par leurs effets. S'il y trouve de l'utilité, le même tableau lui donnera des empreintes des rayons éblouissants du soleil, des rayons trois cent mille fois plus faibles de la lune, des rayons des étoiles. Ces empreintes, il les égalisera, soit en affaiblissant les plus fortes lumières, à l'aide de moyens excellents, résultat des découvertes récentes, mais dont l'indication serait ici déplacée, soit en ne laissant agir les rayons les plus brillants que pendant une seconde, par exemple, et continuant au besoin l'action des autres jusqu'à une demi-heure. Au reste, quand des observateurs appliquent un nouvel instrument à l'étude de la nature, ce qu'ils en ont espéré est toujours peu de chose relativement à la succession de découvertes dont l'instrument devient l'origine. En ce genre, c'est sur l'*imprévu* qu'on doit particulièrement compter[*]. Cette pensée semble-t-elle paradoxale ? Quelques citations en montrent la justesse.

Des enfants attachent fortuitement deux verres lenticulaires de différents foyers aux deux bouts d'un tube. Ils créent ainsi un instrument qui grossit les objets éloignés, qui les représente comme s'ils s'étaient rapprochés. Les observateurs s'en emparent avec la seule, avec la modeste espérance de voir un peu mieux des astres, connus de toute antiquité, mais qu'on n'avait pu étudier jusque-là que d'une manière imparfaite. A peine cependant est-il tourné vers le firmament, qu'on découvre des myriades de nouveaux mondes ; que, pénétrant dans la constitution des six planètes des anciens, on la trouve analogue à celle de notre terre, par des montagnes dont on mesure les hauteurs, par des atmosphères dont on suit les bouleversements, par des phénomènes de formation et de fusion de glaces polaires, analogues à ceux des pôles terrestres ; par des mouvements rotatifs semblables à celui qui produit ici-bas l'intermittence des jours et des nuits. Dirigé sur Saturne, le tube des enfants du lunetier de Midlebourg y dessine un phénomène dont l'étrangeté dépasse tout ce que les imaginations les plus ardentes avaient pu rêver. Nous voulons parler de cet anneau, ou, si on l'aime mieux, de ce pont sans piles, de 71,000 lieues de diamètre, de 11,000 lieues de largeur, qui entoure de tout côté le globe de la planète, sans en approcher nulle part, à moins de 9,000 lieues. Quelqu'un avait-il prévu qu'appliquée à l'observation des quatre lunes de Jupiter, la lunette y ferait voir que les rayons lumineux se meuvent avec une vitesse de 80,000 lieues à la seconde ; qu'attachée aux instruments gradués, elle

---

[*] Voici une application dont le Daguerréotype sera susceptible et qui me semble très-digne d'intérêt :

L'observation a montré que le spectre solaire n'est pas continu, qu'il y existe des solutions de continuité transversales, des raies entièrement noires. Y a-t-il des solutions de continuité pareilles dans les rayons obscurs qui paraissent produire les effets photogéniques ? S'il y en a, correspondent-elles aux raies noires du spectre lumineux ?

Puisque plusieurs des raies transversales du spectre sont visibles à l'œil nu, ou quand elles se peignent sur la rétine sans amplification aucune, le problème que je viens de poser sera aisément résolu. On fera une sorte d'œil artificiel en plaçant une lentille entre le prisme et l'écran où tombera le spectre, et l'on cherchera ensuite, fût-ce même à l'aide d'une loupe, la place des raies noires de l'image photogénique, par rapport aux raies noires du spectre lumineux.

servirait à *démontrer* qu'il n'existe point d'étoiles dont la lumière nous parvienne en moins de trois ans; qu'en suivant enfin à son aide certaines observations, certaines analogies, on irait jusqu'à conclure, avec une immense probabilité, que le rayon par lequel, dans un instant donné, nous apercevons certaines nébuleuses, en était parti depuis plusieurs millions d'années; en d'autres termes, que ces nébuleuses, à cause de la propagation successive de la lumière, seraient visibles de la terre plusieurs millions d'années après leur anéantissement complet.

La lunette des objets voisins, *le microscope*, donnerait lieu à des remarques analogues, car la nature n'est pas moins admirable, n'est pas moins variée dans sa petitesse que dans son immensité. Appliqué d'abord à l'observation de quelques insectes dont les naturalistes désiraient seulement amplifier la forme afin de la mieux reproduire par la gravure, le microscope à dévoilé ensuite et inopinément dans l'air, dans l'eau, dans tous les liquides, ces animalcules, ces infusoires, ces étranges reproductions où l'on peut espérer de trouver un jour les premiers germes d'une explication rationelle des phénomènes de la vie. Dirigé récemment sur des fragments menus de diverses pierres comprises parmi les plus dures, les plus compactes dont l'écorce de notre globe se compose, le microscope a montré aux yeux étonnés des observateurs que ces pierres ont vécu, qu'elles sont une pâte formée de milliards de milliards d'animalcules miscroscopiques soudés entr'eux.

On se rappellera que cette digression était destinée à détromper les personnes qui voudraient, à tort, renfermer les applications scientifiques des procédés de M. Daguerre dans le cadre actuellement prévu dont nous avions tracé le coutour; eh bien! les faits justifient déjà nos espérances. Nous pourrions, par exemple, parler de quelques idées qu'on a eu sur les moyens rapides d'investigation que le topographe pourra emprunter à la photographie; mais nous irons plus droit à notre but, en consignant ici une observation singulière dont M. Daguerre nous entretenait hier : suivant lui, les heures du matin et les heures du soir également éloignées de midi et correspondant, dès-lors, à de semblables hauteurs du soleil au-dessus de l'horizon, ne sont pas, cependant, également favorables à la production des images photographiques. Ainsi, dans toutes les saisons de l'année, et par des circonstances atmosphériques, en apparence exactement semblables, l'image se forme un peu plus promptement à sept heures du matin, par exemple, qu'à cinq heures de l'après-midi; à huit heures qu'à quatre heures ; à neuf heures qu'à trois heures. Supposons ce résultat vérifié, et le météorologiste aura un élément de plus à consigner dans sés tableaux; et aux observations anciennes de l'état du thermomètre, du baromètre, de l'hygromètre et de la diaphanéité de l'air, il devra ajouter un élément que les premiers instruments n'accusent pas, et il faudra tenir compte d'une absorption particulière, qui peut ne pas être sans influence sur beaucoup d'autres phénomènes, sur ceux même qui sont du ressort de la physiologie et de la médecine *.

Nous venons d'essayer, Messieurs, de faire ressortir tout ce que la découverte de M. Daguerre offre d'intérêt, sous le quadruple rapport de la nouveauté, de l'utilité artistique, de la rapidité d'exécution et des ressources précieuses que la science lui empruntera. Nous nous sommes efforcés de vous faire partager nos convictions, parce qu'elles sont vives et sincères, parce que nous avons tout examiné, tout étudié avec le scrupule religieux qui nous était imposé par vos suffrages; parce que s'il eût été possible de méconnaître l'importance du Daguerréotype et la place qu'il occupera dans l'estime des hommes, tous nos doutes auraient cessé en voyant l'empressement que les nations étrangères mettaient à se saisir d'une date erronée, d'un fait douteux, du plus léger prétexte, pour soulever des questions de priorité, pour essayer

* La remarque de M. *Daguerre* sur la dissemblance comparative et *constante* des effets de la lumière solaire, à dés heures de la journée où l'astre est également élevé au-dessus de l'horizon, semble, il faut l'avouer, devoir apporter des difficultés de plus d'un genre dans les recherches photométriques qu'on voudra entreprendre avec le Daguerréotype.

En général, on se montre peu disposé à admettre que le même instrument servira jamais à faire des portraits. Le problème renferme, en effet, deux conditions, en apparence, inconciliables. Pour que l'image naisse rapidement, c'est-à-dire pendant les quatre ou cinq minutes d'immobilité qu'on peut exiger et attendre d'une personne vivante, il faut que la figure soit en plein soleil; mais en plein soleil, une vive lumière forcerait la personne la plus impassible à un clignotement continuel; elle grimacerait; toute l'habitude faciale se trouverait changée.

Heureusement, M. *Daguerre* a reconnu, quant à l'iodure d'argent dont les plaques sont recouvertes, que les rayons qui traversent certains verres bleus, y produisent la presque totalité des effets photogéniques. En plaçant un de ces verres entre la personne qui pose et le soleil, on aura donc une image photogénique presque tout aussi vite que si le verre n'existait pas, et cependant, la lumière éclairante étant alors très-douce, il n'y aura plus lieu à grimace ou à clignotements trop répétés.

d'ajouter le brillant fleuron que formeront toujours les procédés photographiques, à la couronne de découvertes dont chacune d'elles se
pare. N'oublions pas de le proclamer, toute discussion sur ce point a
cessé, moins encore en présence de titres d'antériorité authentiques,
incontestables, sur lesquels MM. Niepce et Daguerre se sont appuyés,
qu'à raison de l'incroyable perfection que M. Daguerre a obtenue. S'il
le fallait, nous ne serions pas embarrassés de produire ici des témoignages des hommes les plus éminents de l'Angleterre, de l'Allemagne,
et devant lesquels pâlirait complètement ce qui a été dit chez nous de
plus flatteur, touchant la découverte de notre compatriote. Cette découverte, la France l'a adoptée; dès le premier moment, elle s'est montrée fière de pouvoir en doter libéralement le monde entier *. Aussi
n'avons-nous pas été surpris du sentiment qu'a fait naître presque généralement dans le public, un passage de l'exposé des motifs, écrit à

* On s'est demandé si, après avoir obtenu avec le Daguerréotype les plus
admirables dégradations de teintes, on n'arrivera pas à lui faire produire
les couleurs : à substituer, en un mot, des tableaux aux sortes de gravures à l'*aqua-tinta* qu'on engendre maintenant.

Ce problème sera résolu, le jour où l'on aura découvert une *seule et
même* substance que les rayons rouges coloreront en rouge, les rayons
jaunes en jaune, les rayons bleus en bleu, etc. M. *Niepce* signalait déjà les
effets de cette nature où, suivant moi, le phénomène des anneaux colorés
jouait quelque rôle. Peut-être en était-il de même du *rouge* et du *violet*
que *Seebeck* obtenait simultanément sur le chlorure d'argent, aux deux
extrémités opposées du spectre. M. *Quetelet* vient de me communiquer
une lettre dans laquelle sir *John Herschel* annonce que son papier sensible
ayant été exposé à un *spectre solaire très-vif*, offrait ensuite toutes les couleurs prismatiques, le rouge excepté. En présence de ces faits, il serait
certainement hasardé d'affirmer que les couleurs naturelles des objets ne
seront jamais reproduites dans les images photogéniques.

M. *Daguerre*, pendant ses premières expériences de phosphorescence,
ayant découvert une poudre qui émettait une lueur rouge après que la
lumière rouge l'avait frappée; une autre poudre à laquelle le bleu com-
muniquait une phosphorescence bleue; une troisième poudre qui, dans
les mêmes circonstances, devenait lumineuse en vert par l'action de la
lumière verte, mêla ces poudres mécaniquement et obtint ainsi un composé unique qui devenait rouge dans le rouge, vert dans le vert et bleu
dans le bleu. Peut-être en opérant de même, en mêlant diverses résines,
arrivera-t-on à engendrer un vernis où chaque lumière imprimera, non
plus phosphoriquement, mais photogéniquement sa couleur !

la suite d'un malentendu, et d'où semblait découler la conséquence que l'administration avait marchandé avec l'inventeur; que les conditions pécuniaires du contrat qu'on vous propose de sanctionner, étaient le résultat d'un rabais. Il importe, Messieurs, de rétablir les faits.

Jamais le membre de la Chambre que M. le Ministre de l'intérieur avait chargé de ses pleins pouvoirs, n'a marchandé avec M. Daguerre. Leurs entretiens ont exclusivement roulé sur le point de savoir si la récompense que l'habile artiste a si bien méritée, serait une pension inscrite ou une somme une fois payée. De prime abord, M. Daguerre aperçut que la stipulation d'une somme fixe donnerait au contrat à intervenir le caractère mesquin d'une vente. Il n'en était pas de même d'une pension. C'est par une pension que vous récompensez le guerrier qui a été mutilé sur les champs de bataille, le magistrat qui a blanchi sur son siége ; que vous honorez les familles de Cuvier, de Jussieu, de Champollion. De pareils souvenirs ne pouvaient manquer d'agir sur le caractère élevé de M. Daguerre : il se décida à demander une pension. Ce fut, au reste, d'après les intentions de M. le Ministre de l'intérieur, M. Daguerre lui-même qui en fixa le montant à 8,000 fr., partageables par moitié entre lui et son associé, M. Niepce fils; la part de M. Daguerre a depuis été portée à 6,000 fr., soit à cause de la condition qu'on a imposée spécialement à cet artiste, de faire connaître les procédés de peinture et d'éclairage des tableaux du *Diorama* actuellement réduits en cendres; soit, surtout, à raison de l'engagement qu'il a pris de livrer au public tous les perfectionnements dont il pourrait enrichir encore ses méthodes photographiques. L'importance de cet engagement ne paraîtra certainement douteuse à personne, lorsque nous aurons dit, par exemple, qu'il suffira d'un tout petit progrès pour que M. Daguerre arrive à faire le portrait des personnes vivantes à l'aide de ses procédés. Quant à nous, loin de craindre que M. Daguerre laisse à d'autres expérimentateurs le soin d'ajouter à ses succès présents, nous avions plutôt cherché les moyens de modérer son ardeur. Tel était même, nous l'avouerons franchement, le motif qui nous faisait désirer que vous déclarassiez la pension *insaisissable* et *incessible;* mais nous avons reconnu que cet amendement serait superflu, d'après les dispositions de la loi du 22 floréal an VII et de l'arrêté du 7 thermidor an X. La commission, à l'unanimité des voix, n'a donc plus qu'à vous proposer d'adopter purement et simplement le projet de loi du Gouvernement.

CHAMBRE DES PAIRS.

SÉANCE DU 30 JUILLET 1839.

RAPPORT

Fait à la Chambre par M. GAY-LUSSAC, au nom d'une commission spéciale *
chargée de l'examen du Projet de loi relatif à l'acquisition du procédé de
M. Daguerre, pour fixer les images de la Chambre obscure.

MESSIEURS,

Tout ce qui concourt aux progrès de la civilisation, au bien-être
physique ou moral de l'homme, doit être l'objet constant de la sollici-
tude d'un Gouvernement éclairé, à la hauteur des destinées qui lui
sont confiées ; et ceux qui, par d'heureux efforts, aident à cette noble
tâche, doivent trouver d'honorables récompenses pour leurs succès.

C'est ainsi que, déjà, des lois tutélaires sur la propriété littéraire et
sur la propriété industrielle assurent aux auteurs des bénéfices propor-
tionnés à l'importance des services rendus à la société ; mode de rémunération d'autant plus juste, d'autant plus honorable, qu'il se résout
en une contribution purement volontaire, en échange de services rendus, et qu'il est à l'abri des caprices de la faveur.

Cependant, si ce mode d'encouragement est le meilleur dans la plu-
part des circonstances, il en est quelques-unes où il est impraticable,
insuffisant au moins, et d'autres, enfin, où de grandes découvertes
exigent de plus éclatantes et solennelles récompenses.

* Cette commission était composée de MM. le baron ATHALIN, BESSON, GAY-
LUSSAC, le marquis DE LAPLACE, le vicomte SIMÉON, le baron THÉNARD, le comte
DE NOÉ.

Telle, Messieurs, nous paraît la découverte de M. Daguerre, et telle aussi elle a été jugée, et par le Gouvernement du Roi, qui en a fait l'objet du projet de loi soumis en ce moment à votre examen, et par la Chambre des Députés, qui déjà a revêtu ce projet de sa sanction législative.

La découverte de M. Daguerre vous est connue par les résultats qui ont été mis sous vos yeux, et par le rapport, à la Chambre des Députés, de l'illustre savant auquel le secret en avait été confié. C'est l'art de fixer l'image même de la Chambre obscure sur une surface métallique, et de la conserver.

Hâtons-nous cependant de le dire, sans vouloir diminuer en rien le mérite de cette belle découverte, la palette du peintre n'est pas très-riche de couleurs : le blanc et le noir la composent seule. L'image à couleurs naturelles et variées restera long-temps, à jamais peut-être, un défi à la sagacité humaine. Mais n'ayons pas la témérité de lui poser des bornes infranchissables ; les succès de M. Daguerre découvrent un nouvel ordre de possibilités.

Appelés à donner notre opinion sur l'importance et l'avenir de la découverte de M. Daguerre, nous l'avons formée sur la perfection même des résultats, sur le rapport de M. Arago à la Chambre des Députés, et sur de nouvelles communications que nous avons reçues, tant de ce savant que de M. Daguerre. Notre conviction sur l'importance du nouveau procédé est devenue entière, et nous serions heureux de la faire partager à la Chambre.

Il est certain que, par la découverte de M. Daguerre, la physique est aujourd'hui en possession d'un réactif extraordinairement sensible aux influences lumineuses, d'un instrument nouveau qui sera pour l'intensité de la lumière et les phénomènes lumineux ce que le microscope est pour les petits objets, et qu'il fournira l'occasion de nouvelles recherches et de nouvelles découvertes. Déjà, ce réactif a reçu très-distinctement l'empreinte de la faible lumière de la lune, et M. Arago a conçu l'espérance d'une carte tracée par le satellite lui-même.

La Chambre a pu se convaincre, par les épreuves qui ont été mises sous ses yeux, que les bas-reliefs, les statues, les monuments, en un mot, la nature morte, sont rendus avec une perfection inabordable aux procédés ordinaires du dessin et de la peinture, et qui est égale à celle de la nature ; puisque, en effet, les empreintes de M. Daguerre n'en sont que l'image fidèle.

La perspective du paysage, de chaque objet, est retracée avec une exactitude mathématique; aucun accident, aucun trait même inaperçu, n'échappe à l'œil et au pinceau du nouveau peintre; et comme trois à quatre minutes suffisent à son œuvre, un champ de bataille, avec ses phases successives, pourra être relevé avec une perfection inaccessible à tout autre moyen.

Les arts industriels, pour la représentation des formes; le dessin pour des modèles parfaits de perspective et d'entente de la lumière et des ombres; les sciences naturelles pour l'étude des espèces et de leur organisation, feront certainement du procédé de M. Daguerre de nombreuses applications. Enfin, le problème de son application au portrait est à peu près résolu, et les difficultés qui restent encore à vaincre sont mesurées et ne peuvent laisser de doute sur le succès. Cependant, il ne faut pas oublier que les objets colorés ne sont point reproduits avec leurs propres couleurs, et que les divers rayons lumineux n'agissant pas de la même manière sur le réactif de M. Daguerre, l'harmonie des ombres et des clairs dans les objets colorés est nécessairement altéré. C'est là un point d'arrêt tracé par la nature elle-même au nouveau procédé.

Telles sont, Messieurs, les acquisitions déjà assurées et les espérances prêtes à se réaliser de la découverte de M. Daguerre. Cependant des renseignements étaient nécessaires relativement à l'exécution du procédé, et la commission a pensé qu'elle ne pouvait les obtenir d'une manière plus sûre et plus authentique que de la bouche même de l'honorable Député en qui M. Daguerre avait mis d'abord sa confiance, et plus tard, M. le Ministre de l'intérieur et l'autre Chambre. M. Arago, sur l'invitation de M. le président de la commission, s'est rendu dans son sein, et il a confirmé, avec des détails nouveaux, ce qu'il avait déjà dit dans son intéressant rapport. Ainsi, il est certain que l'exécution du procédé Daguerre n'exigera que très-peu de temps et une dépense insignifiante, après la première mise de fonds pour les appareils, qui peut être fixée à 400 fr. environ. Chacun réussira infailliblement après un petit nombre d'épreuves, puisque M. Arago lui-même, après avoir été initié, a débuté par un coup de maître, qu'on aurait été sans doute désireux de voir, mais il n'a pas échappé aux flammes qui ont consumé le Diorama.

S'il était besoin de nouveaux témoignages, le rapporteur de votre commission pourrait ajouter que M. Daguerre a voulu le faire aussi dépositaire du secret de son procédé, et qu'il lui en a décrit toutes les opérations. Il peut affirmer que le procédé n'est point dispendieux, et qu'il pourra être facilement exécuté par les personnes les moins versées dans le dessin, lorsque, aux préceptes que M. Daguerre s'est engagé à publier, il ajoutera l'exemple. Dans son intérêt même comme dans celui du procédé, le succès est nécessaire, et on ne peut douter que M. Daguerre ne prenne à cœur de l'assurer.

Votre rapporteur ajoutera encore que, bien qu'il n'ait pas répété lui-même le procédé, comme son honorable ami M. Arago, il le juge par le récit qui lui en a été fait, comme très-difficile à trouver, et comme ayant dû demander, pour arriver au degré de perfection où l'a porté M. Daguerre, beaucoup de temps, des essais sans nombre, et surtout une persévérance à toute épreuve, que ne fait qu'irriter l'insuccès et qui n'appartient qu'aux âmes fortes. Le procédé se compose en effet d'opérations successives, ne paraissant pas liées nécessairement les unes aux autres, et dont le résultat n'est pas sensible immédiatement après chacune d'elles, mais seulement après leur entier concours. Et assurément, si M. Daguerre eût voulu exécuter seul son procédé, ou ne le confier qu'à des personnes très-sûres, il n'était pas à craindre qu'il lui fût enlevé.

On se demandera peut-être alors, et en effet la question a déjà été faite, pourquoi, si le procédé de M. Daguerre était si difficile à trouver, il ne l'a pas exploité lui-même, et pourquoi, en dehors des lois si sages qui garantissent autant les intérêts des auteurs que ceux de la fortune publique, le Gouvernement s'est déterminé à en faire l'acquisition pour le livrer au public. Nous répondrons à ces deux questions.

Le principal avantage du procédé de M. Daguerre consiste à obtenir promptement, et cependant d'une manière très-exacte, l'image des objets, soit pour la conserver, soit aussi pour la reproduire ensuite par les moyens de la gravure ou de la lithographie; et dès lors on conçoit que, concentré dans les mains d'un seul individu, il n'aurait point trouvé un aliment suffisant.

Au contraire, livré à la publicité, ce procédé recevra dans les mains du peintre, de l'architecte, du voyageur, du naturaliste, une foule d'applications.

Enfin, possédé par un seul, il resterait long-temps stationnaire, et se flétrirait peut-être; devenu public, il grandira et s'améliorera du concours de tous.

Ainsi, sous ces divers rapports, il était utile qu'il devînt une propriété publique.

– Sous un autre rapport, enfin, le procédé de M. Daguerre devait fixer l'attention du Gouvernement, et appeler sur son auteur une récompense solennelle.

Pour ceux qui ne sont pas insensibles à la gloire nationale, qui savent qu'un peuple ne brille d'un plus grand éclat sur les autres peuples que par les progrès plus grands qu'il fait faire à la civilisation ; pour ceux-là, disons-nous, le procédé de M. Daguerre est une grande découverte. Il est l'origine d'un art nouveau au milieu d'une vieille civilisation, qui fera époque et sera conservé comme un titre de gloire ; et faudrait-il qu'il allât à la postérité escorté d'ingratitude ? qu'il lui parvienne plutôt comme un éclatant témoignage de la protection que les Chambres, le Gouvernement de Juillet, le pays tout entier, accordent aux grandes découvertes.

C'est en effet un acte de munificence nationale que consacre le projet de loi en faveur de M. Daguerre. Nous lui avons donné notre assentiment unanime, mais non sans remarquer combien grande et honorable est une récompense votée par le pays. Et nous le faisons à dessein pour rappeler, non sans quelques regrets, que la France ne s'est pas toujours montrée aussi reconnaissante, et que trop de beaux et utiles travaux, trop d'œuvres du génie, n'ont valu à leurs auteurs qu'une gloire souvent stérile. Ce ne sont pas, toutefois, des accusations que nous voudrions porter, ce sont des erreurs qu'il faut déplorer pour en éviter de nouvelles.

Messieurs, après avoir apprécié autant qu'il était en nous l'importance de la découverte de M. Daguerre, nous restons convaincus qu'elle est nouvelle, pleine d'intérêt, riche d'avenir, et qu'enfin elle est digne de la haute faveur de la rémunération nationale qui lui a été déjà concédée par la Chambre des Députés. La commission a été unanime pour l'adoption pure et simple du projet, et comme son rapporteur elle me charge de vous la proposer.

AVERTISSEMENT.

M. Niepce s'occupait dès 1814 de recherches sur la fixation des images de la chambre noire, mais plus particulièrement de *la copie de gravures* appliquées sur des substances sensibles à la lumière.

En 1824, M. Daguerre faisait aussi, sur la lumière, des recherches dont le seul but était de fixer l'image de la chambre obscure, car il regardait la copie de gravures par ces procédés comme étant nulle sous le rapport de l'art.

En 1829, M. Daguerre s'est associé avec M. Niepce pour le perfectionnement du procédé de ce dernier.

M. Niepce avait nommé sa découverte Héliographie, et il en avait écrit la description pour la communiquer à M. Daguerre, et le mettre à même d'y apporter des perfectionnements. M. Daguerre a jugé à propos de joindre à cette notice quelques notes qui renferment les observations qu'il fit à M. Niepce, lors de sa communication. Ces notes ne sont pas écrites dans un but critique, mais seulement pour faire connaître précisément l'état de cette découverte qui pourrait paraître, d'après la description de son auteur, offrir une perfection à laquelle elle est loin d'atteindre, malgré les améliorations qui y ont été apportées.

NOTICE

SUR L'HÉLIOGRAPHIE,

PAR J. N. NIEPCE.

————————

La découverte que j'ai faite et que je désigne sous le nom d'*Hélio-graphie*, consiste à reproduire *spontanément*, par l'action de la lumière, avec les dégradations de teintes du noir au blanc *, les images reçues dans la chambre obscure.

PRINCIPE FONDAMENTAL DE CETTE DÉCOUVERTE.

La lumière, dans son état de composition et de décomposition, agit chimiquement sur les corps. Elle est absorbée, elle se combine avec eux, et leur communique de nouvelles propriétés. Ainsi, elle augmente la consistance naturelle de quelques-uns de ces corps; elle les solidifie même, et les rend plus ou moins insolubles, suivant la durée ou l'intensité de son action. Tel est, en peu de mots, le principe de la découverte.

MATIÈRE PREMIÈRE. — PRÉPARATION.

La substance ou matière première que j'emploie, celle qui m'a le mieux réussi, et qui concourt plus immédiatement à la production de l'effet, est l'*asphalte* ou *bitume de Judée* préparé de la manière suivante.

Je remplis à moitié un verre de ce bitume pulvérisé. Je verse dessus, goutte à goutte, de l'huile essentielle de lavande jusqu'à ce que le bitume n'en absorbe plus, et qu'il en soit seulement bien pé-

————————

NOTES DE M. DAGUERRE.

* La teinte la plus claire que donne ce procédé n'est pas blanche.

nétré. J'ajoute ensuite assez de cette huile essentielle pour qu'elle
surnage de trois lignes environ, au-dessus du mélange qu'il faut cou-
vrir et abandonner à une douce chaleur, jusqu'à ce que l'essence
ajoutée soit saturée de la matière colorante du bitume. Si ce vernis
n'a pas le degré de consistance nécessaire, on le laisse évaporer à l'air
libre, dans une capsule, en le garantissant de l'humidité qui l'altère et
finit par le décomposer. Cet inconvénient est surtout à craindre dans
cette saison froide et humide, pour les expériences faites dans la
chambre noire *.

Une petite quantité de ce vernis appliqué à froid, avec un tampon
de peau très-douce, sur une planche d'argent plaqué bien poli, lui
donne une belle couleur de vermeil, et s'y étend en couche mince et
très-égale **. On place ensuite la planche sur un fer chaud, recouvert de quelques doubles de papier dont on enlève ainsi, préalablement, toute l'humidité; et, lorsque le vernis ne poisse plus, on retire
la planche pour la laisser refroidir et finir de sécher à une température douce, à l'abri du contact d'un air humide. Je ne dois pas oublier
de faire observer à ce sujet que c'est principalement en appliquant
le vernis, que cette précaution est indispensable. Dans ce cas, un dis-
que léger, au centre duquel est fixée une courte tige que l'on tient à la
bouche, suffit pour arrêter et condenser l'humidité de la respiration.

La planche, ainsi préparée, peut être immédiatement soumise aux
impressions du fluide lumineux; mais même, après y avoir été exposée assez de temps pour que l'effet ait eu lieu, rien n'indique qu'il
existe réellement; car l'empreinte reste inaperçue ***. Il s'agit donc
de la dégager, et on n'y parvient qu'à l'aide d'un dissolvant.

DU DISSOLVANT. — MANIÈRE DE LE PRÉPARER.

Comme ce dissolvant doit être approprié au résultat que l'on veut
obtenir, il est difficile de fixer avec exactitude les proportions de sa
composition; mais, toutes choses égales d'ailleurs, il vaut mieux qu'il

---

* Cette notice a été écrite au mois de décembre.

** Il est impossible, par un semblable moyen, de mettre une couche
assez égale pour obtenir, dans la chambre noire, la finesse qu'exigent les
modifications de la lumière.

*** Si l'image était tout-à-fait imperceptible, il n'y aurait aucun résultat;
il faut donc qu'il y ait une faible apparence de l'action de la lumière
pour que l'épreuve réussisse.

soit trop faible que trop fort *. Celui que j'emploie de préférence est composé d'une partie, non pas en poids, mais en volume, d'huile essentielle de lavande, sur dix parties, même mesure, d'*huile de petrole blanche*. Le mélange qui devient d'abord laiteux, s'éclaircit parfaitement, au bout de deux ou trois jours. Ce composé peut servir plusieurs fois de suite. Il ne perd sa propriété dissolvante que lorsqu'il approche du terme de saturation : ce qu'on reconnaît parce qu'il devient opaque et d'une couleur très-foncée; mais on ne peut le distiller et le rendre aussi bon qu'auparavant.

La plaque ou planche vernie étant retirée de la chambre obscure, on verse dans un vase de fer-blanc d'un pouce de profondeur, plus long et plus large que la plaque, une quantité de dissolvant assez considérable pour que la plaque en soit totalement recouverte. On la plonge dans le liquide, et en la regardant sous un certain angle, dans un faux jour, on voit l'empreinte apparaître et se découvrir peu à peu, quoique encore voilée par l'huile qui surnage plus ou moins saturée de vernis. On enlève alors la plaque, et on la pose verticalement pour laisser bien égoutter le dissolvant. Quand il ne s'en échappe plus, on procède à la dernière opération qui n'est pas la moins importante.

DU LAVAGE. — MANIÈRE D'Y PROCÉDER.

Il suffit d'avoir pour cela un appareil fort simple, composé d'une planche de quatre pieds de long, et plus large que la plaque. Cette planche est garnie, sur champ, dans sa longueur, de deux litteaux bien joints, faisant une saillie de deux pouces. Elle est fixée à un support par son extrémité supérieure, à l'aide de charnières qui permettent de l'incliner à volonté, pour donner à l'eau que l'on verse le degré de vitesse nécessaire. L'extrémité inférieure de la planche aboutit dans un vase destiné à recevoir le liquide qui s'écoule.

On place la plaque sur cette planche inclinée; on l'empêche de glisser en l'appuyant contre deux petits crampons qui ne doivent pas dépasser l'épaisseur de la plaque. Il faut avoir soin, dans cette saison-ci, de se servir d'eau tiède. On ne la verse pas sur la plaque, mais

---

* Ces deux cas donnent également lieu à des inconvénients; dans le premier l'image ne paraît pas assez, et dans le second elle est complètement enlevée.

au-dessus, afin qu'en y arrivant elle fasse nappe, et enlève les dernières portions d'huile adhérente au vernis.

C'est alors que l'empreinte se trouve complètement dégagée, et partout d'une grande netteté, si l'opération a été bien faite, et surtout si
on a pu disposer d'une chambre noire *perfectionnée* *.

APPLICATIONS DES PROCÉDÉS *héliographiques.*

Le vernis employé pouvant s'appliquer indifféremment, sur pierre,
sur métal et sur verre, sans rien changer à la manipulation, je ne
m'arrêterai qu'au mode d'application sur argent plaqué et sur verre,
en faisant toutefois remarquer, quant à la gravure sur cuivre, que
l'on peut sans inconvénient ajouter, à la composition du vernis, une
petite quantité de cire dissoute dans l'huile essentielle de lavande **.

Jusqu'ici l'argent plaqué me paraît être ce qu'il y a de mieux pour
la reproduction des images, à cause de sa blancheur et de son état.
Une chose certaine c'est qu'après le lavage, pourvu que l'empreinte
soit bien sèche, le résultat obtenu est déjà satisfaisant. Il serait pour-
tant à désirer que l'on pût, en noircissant la planche, se procurer toutes
les dégradations de teintes du noir au blanc. Je me suis donc occupé
de cet objet, en me servant d'abord de *sulfure de potasse liquide;* mais il attaque le vernis, quand il est concentré, et si on l'al-
longe d'eau, il ne fait que rougir le métal. Ce double inconvénient m'a
forcé d'y renoncer. La substance que j'emploie maintenant, avec plus
d'espoir de succès, est l'*iode* *** qui a la propriété de se vaporiser

* Ceci, de la part de M. Niepce, n'était qu'hypothétique, et l'expérience
a prouvé que la chambre noire achromatique, bien que donnant plus
de pureté aux images, ne les faisait cependant pas arriver à cette grande
netteté qu'il espérait.

** Il faut remarquer que la gravure dont parle M. Niepce se faisait
toujours par le contact d'estampes posées sur la matière sensible, et que
l'application de la cire dont il parle aurait neutralisé l'effet de la décomposition du bitume dans la chambre noire, où la lumière n'arrive que
bien affaiblie ; mais la présence de cette cire n'était pas un obstacle pour
ses copies de gravures qu'il exposait trois ou quatre heures aux rayons
directs du soleil.

*** Il est important de faire remarquer que l'emploi de l'iode, que faisait
M. Niepce, pour noircir ses planches, prouve qu'il ignorait la propriété

à la température de l'air. Pour noircir la planche par ce procédé, il ne s'agit que de la dresser contre une des parois intérieures d'une boîte ouverte dans le dessus, et de placer quelques grains d'*iode* dans une petite rainure pratiquée le long du côté opposé, dans le fond de la boîte. On la couvre ensuite d'un verre pour juger de l'effet qui s'opère moins vite, mais bien plus sûrement. On peut alors enlever le vernis avec l'alcool, et il ne reste plus aucune trace de l'empreinte primitive. Comme ce procédé est encore tout nouveau pour moi, je me bornerai à cette simple modification, en attendant que l'expérience m'ait mis à portée de recueillir là-dessus des détails plus circonstanciés.

Deux essais de points de vue sur verre, pris dans la chambre obscure, m'ont offert des résultats qui, bien que défectueux, me semblent devoir être rapportés, parce que ce genre d'application peut se perfectionner plus aisément et devenir par la suite d'un intérêt tout particulier.

Dans l'un de ces essais, la lumière ayant agi avec moins d'intensité a découvert le vernis de manière à rendre les dégradations de teintes beaucoup mieux senties ; de sorte que l'empreinte, vue par *transmission*, reproduit jusqu'à un certain point les effets connus du *Diorama* [*].

Dans l'autre essai, au contraire, où l'action du fluide lumineux a été plus intense, les parties les plus éclairées n'ayant pas été attaquées par le dissolvant, sont restées transparentes, et la différence des teintes résulte uniquement de l'épaisseur relative des couches plus ou moins opaques du vernis. Si l'empreinte est vue par *réflexion*, dans un miroir, du côté verni et sous un angle déterminé, elle produit beaucoup d'effet, tandis que vue par *transmission*, elle ne présente qu'une image confuse et incolore; et ce qu'il y a d'étonnant, c'est qu'elle paraît affecter les couleurs locales de certains objets [**]. En méditant sur ce fait remarquable, j'ai cru pouvoir en tirer des inductions qui per-

---

que possède cette substance, mise en contact avec l'argent, de se décomposer à la lumière, puisqu'au contraire il l'indique ici comme moyen de fixer ses épreuves.

[*] M. Daguerre ne voit pas quel rapport peut exister entre l'effet qu'indique ici M. Niepce et les tableaux du Diorama.

[**] M. Daguerre a souvent observé cette coloration, et il n'a jamais pu la considérer comme étant le résultat des rayons colorés dans la chambre noire.

mettraient de le rattacher à la théorie de Newton sur le phénomène des anneaux colorés. Il suffirait, pour cela, de supposer que tel rayon prismatique, le rayon vert, par exemple, en agissant sur la substance du vernis, et en se combinant avec elle, lui donne le degré de solubilité nécessaire pour que la couche qui en résulte après la double opération du dissolvant et du lavage *réfléchisse la couleur verte*. Au reste, c'est à l'observation seule à constater ce qu'il y a de vrai dans cette hypothèse, et la chose me semble assez intéressante par elle-même pour provoquer de nouvelles recherches et donner lieu à un examen plus approfondi.

OBSERVATIONS.

Quoiqu'il n'y ait, sans doute, rien de difficile dans l'emploi des moyens d'exécution que je viens de rapporter, il pourrait se faire, toutefois, qu'on ne réussît pas complètement de prime abord. Je pense donc qu'il serait à propos d'opérer en petit, en copiant des gravures à la *lumière diffuse*, d'après la préparation fort simple que voici :

On vernit la gravure seulement du côté *verso*, de manière à la rendre bien transparente. Quand elle est parfaitement sèche, on l'applique du côté *recto*, sur la planche vernie, à l'aide d'un verre dont on diminue la pression en inclinant la planche sous un angle de 45 degrés. On peut de la sorte, avec deux gravures ainsi préparées, et quatre petites plaques de doublé d'argent, faire plusieurs expériences dans la journée, même par un temps sombre, pourvu que le local soit à l'abri du froid, et surtout de l'humidité qui, je le répète, détériore le vernis à un tel point, qu'il se détache par couches de la planche, quand on la plonge dans le dissolvant. C'est ce qui m'empêche de me servir de la chambre noire durant la mauvaise saison. En multipliant les expériences dont je viens de parler, on sera bientôt parfaitement au fait de tous les procédés de la manipulation *.

Relativement à la manière d'appliquer le vernis, je dois rappeler

* Les observations que l'on peut faire par ces essais ne peuvent pas s'appliquer aux résultats qu'on obtient dans la chambre noire. Les effets de la lumière, traversant une gravure (surtout vernissée) mise en contact avec le corps sensible, diffèrent de ceux qui donnent lieu à la reproduction de l'image dans la chambre obscure.

qu'il ne faut l'employer qu'en consistance assez épaisse pour former une couche compacte et aussi mince qu'il est possible, parce qu'il résiste mieux à l'action du dissolvant, et devient d'autant plus sensible aux impressions de la lumière.

A l'égard de l'*iode*, pour noircir les épreuves sur argent plaqué, comme à l'égard de l'*acide* pour graver sur cuivre, il est essentiel que le vernis, après le lavage, soit tel qu'il est désigné dans le deuxième essai sur verre, rapporté ci-dessus; car alors il est bien moins perméable, soit à l'*acide*, soit aux émanations de l'*iode* *, principalement dans les parties où il a conservé toute sa transparence, et ce n'est qu'à cette condition que l'on peut, même à l'aide du meilleur appareil d'optique, se flatter de parvenir à une complète réussite **.

ADDITIONS.

Quand on ôte la planche vernie pour la faire sécher, il ne faut pas seulement la garantir de l'humidité, mais avoir soin de la mettre à l'abri du contact de la lumière.

En parlant des expériences faites à la lumière diffuse, je n'ai rien dit de ce genre d'expérience sur verre. Je vais y suppléer pour ne pas omettre une amélioration qui lui est particulière. Elle consiste simplement à placer sous la plaque de verre un papier noir, et à interposer un cadre de carton entre la plaque, du côté verni, et la gravure qui doit avoir été préalablement collée au cadre de manière à être bien tendue. Il résulte de cette disposition, que l'image paraît beaucoup plus vive que sur un fond blanc, ce qui ne peut que contribuer à la promp-

---

* L'épreuve qui a donné lieu à cette assertion a été très-long-temps soumise à l'action de la lumière dans la chambre noire, et bien que M. Niepce parle ici d'iode pour noircir et d'acide pour la graver, en supposant qu'elle soit sur cuivre, ces deux opérations n'auraient donné aucune dégradation de teintes. En effet, l'image étant obtenue par le plus ou moins d'épaisseur du vernis, selon qu'il est plus ou moins attaqué par la lumière, il est impossible que l'acide agisse sur le métal, dans le même rapport. Aussi M. Niepce n'a-t-il jamais fait une gravure d'une épreuve obtenue dans la chambre noire.

** Le meilleur appareil d'optique ne peut lever l'obstacle signalé dans la note précédente.

titude de l'effet ; et en second lieu que le vernis n'est pas exposé à être endommagé par suite du contact immédiat de la gravure, comme dans l'autre procédé, inconvénient qu'il n'est pas aisé d'éviter par un temps chaud, le vernis fût-il même très-sec.

Mais cet inconvénient se trouve bien compensé par l'avantage qu'ont les épreuves sur argent plaqué de résister à l'action du lavage, tandis qu'il est rare que cette opération ne détériore pas plus ou moins les épreuves sur verre, substance qui offre moins d'adhérence au vernis, à raison de sa nature et de son poli plus parfait. Il s'agissait donc, pour remédier à cette défectuosité, de donner plus de *mordant* au vernis, et je crois y être parvenu autant, du moins, qu'il m'est permis d'en juger d'après des expériences trop récentes et trop peu nombreuses. Ce nouveau vernis consiste dans une *solution de bitume de Judée* dans *l'huile animale de Dippel*, qu'on laisse évaporer à la température atmosphérique, au degré de consistance requise. Il est plus onctueux, plus tenace et plus coloré que l'autre, et l'on peut, après qu'il a été appliqué, le soumettre de suite aux impressions du fluide lumineux qui paraît le solidifier plus promptement, parce que la grande volatilité de l'huile animale fait qu'il sèche beaucoup plus vite *.

* Ce moyen diminue encore les ressources du procédé sous le rapport du clair des épreuves.

Fait double, le 5 décembre 1829,

Signé : J. N. NIEPCE.

MODIFICATIONS

APPORTÉES AU PROCÉDÉ DE M. NIEPCE

PAR DAGUERRE.

La substance que l'on doit employer de préférence est le résidu qu'on obtient par l'évaporation de l'huile essentielle de lavande, appliqué en couche très-mince, par le moyen de sa dissolution dans l'alcool.

Bien que toutes les substances résineuses ou bitumineuses, sans en excepter une seule, soient douées de la même propriété, c'est-à-dire celle d'être sensibles à la lumière, on doit donner la préférence à celles qui sont les plus onctueuses parce qu'elles donnent plus de fixité à l'épreuve; plusieurs huiles essentielles perdent ce caractère lorsqu'elles sont exposées à une forte chaleur.

Ce n'est cependant pas à cause de sa prompte décomposition à la lumière que l'on doit préférer le résidu de l'huile de lavande; il est des résines, le galipot, par exemple, qui, dissoutes dans l'alcool et étendues sur un verre ou sur une plaque de métal, laissent, par l'évaporation de l'alcool, une couche très-blanche et infiniment plus sensible à la radiation qui opère cette décomposition. Mais cette plus grande sensibilité à la lumière, causée par une évaporation moins prolongée, rend les images ainsi obtenues plus faciles à se détériorer; elles se gercent et finissent par disparaître entièrement lorsqu'on les expose plusieurs mois au soleil. Le résidu de l'huile essentielle de lavande p....... plus de fixité, sans être cependant inaltérable par l'action directe du soleil.

Pour obtenir ce résidu, on fait évaporer l'essence dans une capsule à l'aide de la chaleur, jusqu'à ce que le résidu acquière une telle consistance qu'après son refroidissement il sonne en le frappant avec la pointe d'un couteau et qu'il se brise en éclats lorsqu'on cherche à le détacher de la capsule. On fait ensuite dissoudre une très-petite quantité de cette matière dans de l'alcool ou dans de l'éther acétique; il faut que la solution soit très-claire et d'une couleur jaune citron. Plus la solution est claire, plus la couche qu'on obtient est mince; il ne faut cependant pas qu'elle soit trop claire, car alors elle ne pourrait pas matter ni faire une couche blanche, ce qui est indispensable pour obtenir de l'effet dans les épreuves. L'emploi de l'alcool ou de l'éther n'a d'autre but que de faciliter l'application du résidu sous une forme qui est excessivement divisée, puisque, lorsqu'on opère, l'alcool est entièrement vaporisé.

Pour obtenir plus de vigueur il faut que le métal soit bruni; les épreuves sur verre ont plus de charme et surtout beaucoup plus de finesse.

Lorsqu'on veut opérer, il faut que le métal ou le verre soit parfaitement nettoyé; on peut pour cela se servir d'alcool et de tripoli très-fin, mais il faut toujours terminer cette opération en frottant à sec, afin qu'il ne reste aucune trace de liquide; on se sert de coton avec l'alcool et le tripoli qui doit être excessivement fin pour qu'il ne raie pas le métal ou le verre.

Pour appliquer la couche, on tient la plaque de métal ou le verre d'une main, et de l'autre on verse dessus la solution (qui doit être contenue dans un petit flacon à large ouverture), de manière que cette solution couvre rapidement, en coulant, toute la surface de la plaque. D'abord il faut tenir la plaque un peu inclinée; mais aussitôt qu'on a versé la solution et qu'elle a cessé de couler, on la dresse perpendiculairement. On passe de suite le doigt derrière la plaque ainsi qu'au bas pour entraîner une partie du liquide qui, tendant toujours à remonter, doublerait l'épaisseur de la couche. Il faut chaque fois s'essuyer le doigt et le passer très-promptement dans toute la longueur de la plaque, par dessous et du côté opposé à la couche. Lorsque le liquide ne coule plus, on place, pour la laisser sécher, la plaque à l'ombre, car autrement la lumière détruirait la sensibilité de la substance.

Dans cet état, la couche est blanche et extrêmement mince; c'est en partie à cette dernière condition qu'est dû le plus ou moins de promptitude. Cette préparation doit être faite à un faible jour ou, ce qui est préférable, à la lumière d'une bougie qui n'a pas d'action sur cette substance.

Lorsque la couche est bien sèche, la plaque peut être mise dans la chambre noire. On la laisse dans cet état le temps nécessaire à la reproduction de l'image, temps qui ne peut être limité parce qu'il dépend du plus ou moins d'intensité de la lumière répandue sur les objets dont on veut fixer l'image. Cependant il ne faut pas moins de sept ou huit heures pour une vue, et à peu près trois heures pour les objets très-éclairés par le soleil et d'ailleurs très-clairs de leur nature. Cependant ces données ne sont qu'approximatives, car les saisons et les différentes heures de la journée y apportent de grandes modifications (voir ce qui est dit à ce sujet à l'occasion du Daguerréotype, page 65).

Quand on opère sur verre, il est nécessaire, pour augmenter la lumière, de le poser sur une feuille de papier; mais pour que ce reflet ne soit pas confus, il faut que le côté de la couche soit posé directement sur le papier et qu'elle le touche parfaitement sur toute sa surface. Pour cela, il faut tendre le papier sur une planche très-plane, en supposant que le verre le soit aussi; en aura soin de choisir le verre le plus blanc possible.

Quand l'épreuve a été laissée le temps nécessaire dans la chambre noire, il faut la retirer en ayant toujours soin de la garantir de la lumière.

Comme il arrive très-souvent qu'au sortir de la chambre noire, on n'aperçoit aucune trace de l'image, il s'agit alors de la faire paraître.

Pour cela, il faut prendre un bassin en cuivre étamé ou en fer-blanc, plus grand que la plaque, et garni tout autour d'un rebord d'environ cinquante millimètres de hauteur. On remplit ce bassin d'huile de pétrole, jusqu'à peu près un quart de sa hauteur; on fixe la plaque sur une planchette en bois qui couvre parfaitement le bassin. L'huile de pétrole, en s'évaporant, pénètre entièrement la substance dans les endroits sur lesquels l'action de la lumière n'a pas eu lieu, et lui donne une transparence telle, qu'il semble ne rien y avoir dans ces endroits; ceux, au contraire, sur lesquels la lumière a vivement agi ne sont point attaqués par la vapeur de l'huile de pétrole.

C'est ainsi qu'est effectuée la dégradation des teintes, par le plus ou moins d'action de la vapeur de l'huile de pétrole sur la substance.

Il faut de temps en temps regarder l'épreuve, et la retirer aussitôt qu'on a obtenu les plus grandes vigueurs; car en poussant trop loin l'évaporation, les plus grands clairs en seraient attaqués et finiraient par disparaître. L'épreuve est alors terminée. Il faut la mettre sous verre pour éviter que la poussière s'y attache, et pour l'enlever, il ne faut pas employer d'autre moyen que de la chasser en soufflant. En mettant les épreuves sous verre, on préserve aussi la feuille d'argent plaqué des vapeurs qui pourraient l'altérer.

4

RÉSUMÉ.

Comme il a été dit plus haut, tous les bitumes, toutes les rismes et tous les résidus d'huiles essentielles sont décomposables par la lumière d'une manière très-sensible ; il suffit pour cela de les mettre en couches très-minces, et de trouver un dissolvant qui leur convienne. On peut employer comme dissolvants, l'huile de pétrole, toutes les huiles essentielles, l'alcool, les éthers et le calorique.

M. Niepce plongeait la plaque, couverte d'un vernis de bitume, dans un dissolvant liquide ; mais un semblable moyen est rarement en rapport avec le peu d'intensité de lumière qu'ont les épreuves obtenues dans la chambre noire.

Il arrive toujours que le dissolvant est trop fort ou trop faible. Dans le premier cas, il enlève entièrement le vernis, et dans le second, il ne rend pas l'image assez apparente.

L'effet du dissolvant dans lequel on plonge l'épreuve est d'enlever le vernis dans les endroits où la lumière n'a pas frappé, ou bien, selon la nature du dissolvant, on obtient l'effet contraire, c'est-à-dire que les parties frappées par la lumière sont enlevées, tandis que les autres restent intactes. C'est là ce qui arrive lorsqu'on emploie, comme dissolvant, de l'alcool, au lieu d'huile de pétrole ou essentielle.

Les dissolvants par l'évaporation ou par l'effet du calorique sont bien préférables ; on peut toujours en arrêter les effets à volonté. Mais il est indispensable que la couche ne fasse pas l'effet d'un vernis ; il faut qu'elle soit mate et aussi blanche que possible. La vapeur du dissolvant ne fait que pénétrer la couche et en détruire le mat, selon le plus ou moins d'intensité de lumière. Cette manière de procéder donne une dégradation de teintes qu'il est tout-à-fait impossible d'obtenir en trempant l'épreuve dans un dissolvant.

Un grand nombre d'expériences faites par l'auteur lui ont prouvé que la lumière ne peut pas frapper sur un corps sans laisser des traces de décomposition à sa surface ; mais elles lui ont aussi démontré que ces mêmes corps ont la propriété de se recomposer en grande partie à l'ombre, à moins que la lumière n'ait déterminé une décomposition complète.

On peut s'en convaincre en disposant, par le procédé décrit ci-dessus, deux plaques semblables préparées de la même manière, et en les exposant à la lumière avec des effets d'ombre. Quand on juge que la lumière a produit son action, on retire les deux plaques, et on fait subir immédiatement à l'une l'effet du dissolvant, et on conserve l'autre enfermée dans une boîte pendant plusieurs jours, après lesquels on l'expose, comme la première, à l'effet du dissolvant. On verra alors que le résultat obtenu sur la seconde plaque ne ressemble pas à celui qu'a donné la première.

On peut conclure de là qu'une grande partie des corps, et sans aucun doute tous les vernis, se détruiraient beaucoup plus promptement, sans cette propriété qu'ils possèdent, de se recomposer à l'ombre.

NOTE HISTORIQUE

SUR LE PROCÉDÉ

DU DAGUERRÉOTYPE.

NOTES RELATIVES AU DAGUERRÉOTYPE.

On a vu, dans l'avertissement qui précède la description du procédé de M. Niepce, qu'un acte d'association provisoire a été passé entre lui et M. Daguerre dans le mois de décembre 1829. Dans cet acte, M. Daguerre s'engageait à perfectionner le procédé de M. Niepce et à lui donner tous les renseignements sur les modifications qu'il avait apportées à la chambre noire. M. Daguerre a jugé nécessaire de donner ici un extrait de la correspondance de M. Niepce, pour prouver que ce dernier n'a été pour rien dans la découverte du Daguerréotype.

En effet, on voit, par la correspondance de M. Niepce, que M. Daguerre lui a indiqué les effets de la lumière sur l'iode mis en contact avec l'argent dans une lettre datée du 21 mai 1831, dont M. Niepce a accusé réception, le 24 juin suivant. Dans cette lettre, M. Daguerre engageait M. Niepce à s'occuper de ce nouveau moyen : M. Niepce s'en occupa effectivement à plusieurs reprises, et toujours d'après les instances de M. Daguerre. Mais le travail de M. Niepce avait toujours été sans succès ; il regrettait même le temps que M. Daguerre lui faisait passer sur ce procédé qu'il regardait comme *impossible*. Il est vrai qu'à cette époque il restait à résoudre les deux problèmes les plus importants : le premier était d'obtenir les clairs dans leur *état naturel ;* le second, consistait à trouver le moyen de *fixer les images.* Ces deux problèmes, M. Daguerre les a complètement résolus depuis par l'emploi du mercure.

M. Niepce est mort le 5 juillet 1833.

Le 13 juin 1837 il a été passé un acte définitif entre M. Daguerre et M. Isidore Niepce fils, comme héritier de M. Joseph-Nicéphore Niepce, par lequel acte M. Isidore Niepce reconnaît que M. Daguerre lui a démontré son nouveau procédé. Il est aussi spécifié dans cet acte, que le procédé portera le *nom seul* de M. Daguerre, comme en étant effectivement le seul inventeur.

Extraits des lettres de M. Niepce père, à M. Daguerre.

Saint-Loup-de-Varennes, le 24 juin 1831.

MONSIEUR ET CHER ASSOCIÉ,

J'attendais depuis long-temps de vos nouvelles avec trop d'impatience pour ne pas recevoir et lire avec le plus grand plaisir vos lettres des 10 et 21 *mai dernier.* Je me bornerai, pour le moment, à répondre à celle du 21 , parce que, m'étant occupé, dès qu'elle me fut parvenue, de *vos recherches sur l'iode,* je suis empressé de vous faire part des résultats que j'ai obtenus. Je m'étais déjà livré à ces mêmes recherches antérieurement à nos relations ; mais sans espoir de succès, vu la presqu'impossibilité, selon moi, de fixer, d'une manière durable, les images reçues, quand bien même on parviendrait à replacer les jours et les ombres dans leur ordre naturel. Mes résultats, à cet égard, avaient été totalement conformes à ceux que m'avait fournis l'emploi de l'oxide d'argent; et la promptitude était le seul avantage réel que ces deux substances parussent offrir. Cependant, Monsieur, l'an passé, après votre départ d'ici, je soumis l'iode à de nouveaux essais, mais d'après un autre mode d'application ; je vous en fis connaître les résultats, et votre réponse, peu satisfaisante, me décida à ne pas pousser plus loin mes recherches. Il paraît que depuis vous avez envisagé la question sous un point de vue moins désespérant, et je n'ai pas dû hésiter de répondre *à l'appel* que vous m'avez fait, etc.

Signé : J.-N. NIEPCE.

Pour copie conforme,

ARAGO.   DAGUERRE.

Saint-Loup-de-Varennes, le 8 novembre 1831.

MONSIEUR ET CHER ASSOCIÉ,

. . . . Conformément à ma lettre du 24 juin dernier, en réponse à la vôtre du 21 mai, j'ai fait une longue suite de recherches sur l'*iode* mis en contact avec l'argent poli, sans toutefois parvenir au résultat que me faisait espérer le désoxidant. J'ai en beau varier mes procédés et les combiner d'une foule de manières, je n'en ai pas été plus heureux pour cela. J'ai reconnu, en définitif, l'impossibilité, selon moi du moins, de ramener à son état naturel l'ordre interverti des teintes, et surtout d'obtenir autre chose qu'une image fugace des objets. Au reste, Monsieur, ce non-succès est absolument conforme à ce que mes recherches sur les oxides métalliques m'avaient fourni bien antérieurement, ce qui m'avait décidé à les abandonner. Enfin, j'ai voulu mettre l'iode en contact avec la planche d'étain; ce procédé, d'abord, m'avait semblé de bon augure. J'avais remarqué avec surprise, mais une seule fois, en opérant dans la chambre noire, que la lumière agissait en sens inverse sur l'iode, de sorte que les teintes ou, pour mieux dire, les jours et les ombres se trouvaient dans leur ordre naturel. Je ne sais comment et pourquoi cet effet a eu lieu sans que j'aie pu parvenir à le reproduire, en procédant de la même manière. Mais ce mode d'application, quant à la fixité de l'image obtenue, n'en aurait pas été moins défectueux. Aussi, après quelques autres tentatives, en suis-je resté là, regrettant bien vivement, je l'avoue, d'avoir fait fausse route pendant si long-temps, et, qui pis est, si inutilement, etc., etc.

Signé : J.-N. NIEPCE.

Pour copie conforme,

ARAGO.   DAGUERRE.

Saint-Loup-de-Varennes, le 29 janvier 1832.

MONSIEUR ET CHER ASSOCIÉ,

. . . . Aux substances qui, d'après votre lettre, agissent sur l'argent comme l'iode, vous pouvez, Monsieur, ajouter le thlaspi en décoction, les émanations du phosphore et surtout les sulfures; car c'est principalement à leur présence dans ces corps qu'est due la similitude des résultats obtenus. J'ai aussi remarqué que le calorique produisait le même effet par l'oxidation du métal d'où provenait, dans tous les cas, cette grande sensibilité à la lumière; mais ceci, malheureusement, n'avance en rien la solution de la question qui *vous occupe*. Quant à moi, je ne me sers plus de *l'iode* dans mes expériences, que comme terme de comparaison de la promptitude relative de leurs résultats. Il est vrai que depuis deux mois le temps a été si défavorable, que je n'ai pu faire grand'chose. Au sujet de *l'iode*, *je vous prierai, Monsieur, de me dire d'abord: Comment vous l'employez* * ? *si c'est sous forme concrète ou en état de solution dans un liquide?* parce que, dans ces deux cas, l'évaporation pourrait bien ne pas agir de la même manière sous le rapport de la promptitude, etc., etc.

Signé : J.-N. NIEPCE.

Pour copie conforme,

ARAGO. DAGUERRE.

Saint-Loup-de-Varennes, le 3 mars 1832.

MON CHER ASSOCIÉ,

. . . . Depuis ma dernière lettre, je me suis, à peu de chose près, borné à de nouvelles recherches sur l'iode, qui ne m'ont rien procuré de satisfaisant, et que je n'avais reprises que

---

* (*Note de M. Daguerre.*) Cette phrase de M. Niepce montrera, j'espère, aux plus prévenus que c'est bien moi qui avais indiqué l'iode, non comme moyen de noircir certaines parties d'un dessin *déjà fait,* mais comme la couche sensible sur laquelle l'image devait naître photogéniquement.

parce que vous paraissiez y attacher *une certaine importance*, et que, d'un autre côté, j'étais bien aise de me rendre mieux raison de l'application de l'iode sur la planche d'étain. Mais, *je le répète*, Monsieur, je ne vois pas que l'*on puisse se flatter de tirer parti de ce procédé*, pas plus que de tous ceux qui tiennent à l'emploi des oxides métalliques, etc., etc.

Signé : J.-N. NIEPCE.

Pour copie conforme,
    ARAGO.   DAGUERRE.

Extrait d'une lettre de M. Isidore Niepce fils, qui cherchait à faire des épreuves avec le procédé de son père, perfectionné par M. Daguerre.

Lux, le 1er novembre 1857.

MON CHER DAGUERRE,

. . . . Vous aurez sans doute, mon cher ami, été plus heureux que moi, et très-probablement votre portefeuille est garni des plus belles épreuves ! Quelle différence aussi entre le procédé que vous employez, et celui sur lequel j'ai travaillé !... Tandis qu'il me fallait *presque une journée* pour faire une épreuve, vous, il vous faut *4 minutes*. Quel avantage énorme !... Il est si grand, que bien certainement personne, en connaissant les deux procédés, ne voudrait employer l'ancien.

Ce motif fait aussi que j'éprouve moins de peine du peu de succès que j'ai obtenu ; parce que, bien que ce procédé puisse être décrit comme étant le résultat du travail de mon père, auquel vous avez également concouru, il est certain qu'il ne peut devenir l'objet exclusif de la souscription *. Ainsi, je pense qu'on peut se borner à le mentionner, pour faire connaître les deux procédés, dont le vôtre seul doit obtenir la préférence ! etc., etc.

Signé : ISIDORE NIEPCE.

Pour copie conforme,
    ARAGO.   DAGUERRE.

---

* A cette époque on pensait publier le procédé au moyen d'une souscription.

DESCRIPTION PRATIQUE

DU PROCÉDÉ NOMMÉ

LE DAGUERRÉOTYPE.

Ce procédé consiste dans la reproduction spontanée
des images de la nature reçues dans la chambre noire,
non avec leurs couleurs,
mais avec une grande finesse de dégradation de teintes;

PAR DAGUERRE,

Peintre, inventeur du Diorama, officier de la Légion-d'Honneur,
membre de plusieurs Académies, etc., etc.

DAGUERRÉOTYPE.

Description du Procédé.

Les épreuves se font sur des feuilles d'argent plaquées sur cuivre. Bien que le cuivre serve principalement à soutenir la feuille d'argent, l'assemblage de ces deux métaux concourt à la perfection de l'effet. L'argent doit être le plus pur possible. Quant au cuivre, son épaisseur doit être suffisante pour maintenir la planimétrie de la plaque, afin de ne pas déformer les images ; mais il faut éviter de lui en donner plus qu'il n'en faut pour atteindre ce but, à cause du poids qui en résulterait. L'épaisseur des deux métaux réunis ne doit pas excéder celle d'une forte carte.

Le procédé se divise en cinq opérations :

La première consiste à polir et à nettoyer la plaque pour la rendre propre à recevoir la couche sensible ;

La deuxième, à appliquer cette couche ;

La troisième, à soumettre, dans la chambre noire, la plaque préparée à l'action de la lumière, pour y recevoir l'image de la nature ;

La quatrième, à faire paraître cette image qui n'est pas visible en sortant de la chambre noire ;

Enfin, la cinquième a pour but d'enlever la couche sensible qui continuerait à être modifiée par la lumière, et tendrait nécessairement à détruire tout-à-fait l'épreuve.

PREMIÈRE OPÉRATION.

Il faut pour cette opération :

Un petit flacon d'huile d'olives ;

Du coton cardé très-fin ;

De la ponce broyée excessivement fine, enfermée dans un nouet de mousseline assez claire pour que la ponce puisse passer facilement en secouant le nouet ;

Un flacon d'acide nitrique étendu d'eau dans la proportion d'une avec du coton bien propre toute la poussière de ponce qui se trouve à la surface de la plaque ainsi que sur ses épaisseurs.

DEUXIÈME OPÉRATION.

Pour cette opération, il faut :

La boîte figurée dans la *planche* 2ᵉ, *fig.* 1ʳᵉ et 2ᵉ ;

La planchette figurée dans la *planche* 1ʳᵉ, *fig.* 3ᵉ ;

Quatre petites bandes métalliques, de même nature que les plaques ;

Un petit manche et une boîte de petits clous ;

Un flacon d'iode.

Après avoir fixé la plaque sur la planchette au moyen des bandes métalliques et de petits clous que l'on enfonce avec le manche destiné à cet usage, comme elle est indiquée *planche* 1ʳᵉ, *fig.* 3ᵉ, il faut mettre de l'iode dans la capsule qui se trouve au fond de la boîte. Il est nécessaire de diviser l'iode dans la capsule, afin que le foyer de l'émanation soit plus grand ; autrement, il se formerait au milieu de la plaque des iris qui empêcheraient d'obtenir une couche égale. On place alors la planchette, le métal en dessous sur les petits goussets placés aux quatre angles de la boîte dont on ferme le couvercle. Dans cette position, il faut la laisser jusqu'à ce que la surface de l'argent soit couverte d'une belle couche jaune d'or. Si on l'y laissait trop long-temps, cette couche jaune d'or passerait à une couleur violâtre, qu'il faut éviter, parce qu'alors la couche n'est pas aussi sensible à la lumière. Si au contraire cette couche n'était pas assez jaune, l'image de la nature ne se reproduirait que très-difficilement. Ainsi, la couche jaune d'or a sa nuance bien déterminée parce qu'elle est là seule bien favorable à la production de l'effet. Le temps nécessaire pour cette opération ne peut pas être déterminé parce qu'il dépend de plusieurs circonstances. D'abord, de la température de la pièce où l'on se trouve, car cette opération doit toujours être livrée à elle-même, c'est-à-dire qu'elle doit avoir lieu sans addition d'autre chaleur que celle qu'on pourrait donner à la température de la pièce dans laquelle on opère, s'il y faisait trop froid. Ce qui est très-important dans cette opération, c'est que la température de l'intérieur de la boîte soit égale à celle de l'extérieur ; s'il en était autrement, il arriverait que la plaque passant du froid au chaud se couvrirait d'une petite couche d'humidité qui est très-nuisible à l'effet. La seconde, c'est que plus on fait usage de la boîte, moins il faut de temps, parce que le bois est à l'intérieur pénétré de la vapeur de l'iode, et que cette vapeur tend toujours à se dégager, et qu'en se dégageant de toutes les parties de l'intérieur, cette vapeur se répand bien plus également et plus promptement sur toute la surface de la plaque, ce qui est très-important. C'est pour cela qu'il est bon de laisser toujours un peu d'iode dans la capsule qui se trouve au fond de la boîte, et de conserver cette dernière à l'abri de l'humidité. Il est donc évident que la boîte est préférable lorsqu'elle a servi quelque temps, puisque l'opération est alors plus prompte.

Puisque en raison des causes désignées ci-dessus on ne peut fixer au juste le temps nécessaire pour obtenir la couche jaune d'or (ce temps pouvant varier de cinq minutes à trente, rarement davantage à moins qu'il ne fasse trop froid), on conçoit qu'il est indispensable de regarder la plaque de temps en temps pour s'assurer si elle a atteint le *degré* de jaune désigné; mais il est important que la lumière ne vienne pas frapper directement dessus. Il peut arriver que la plaque se colore plus d'un côté que de l'autre; dans ce cas, pour égaliser la couche, on aura soin, en remettant la planchette sur la boîte, de la retourner, non pas sens dessus dessous, mais bout pour bout. Il faut donc mettre la boîte dans une pièce obscure où le jour n'arrive que très-faiblement par la porte qu'on laisse un peu entr'ouverte, et lorsqu'on veut regarder la plaque, après avoir enlevé le couvercle de la boîte, on prend la planchette par les extrémités avec les deux mains et on la retourne promptement; il suffit alors que la plaque réfléchisse un endroit un peu éclairé et autant que possible éloigné pour qu'on s'aperçoive si la couleur jaune est assez foncée. Il faut remettre très-promptement la plaque sur la boîte si la couche n'a pas atteint le ton jaune d'or; si, au contraire, cette teinte était dépassée, la couche ne pourrait pas servir, et il faudrait recommencer entièrement la première opération.

A la description, cette opération peut paraître difficile, mais avec un peu d'habitude on parvient à savoir à peu près le temps nécessaire pour arriver à la couleur jaune, ainsi qu'à regarder la plaque avec une grande promptitude, de manière à ne pas donner à la lumière le temps d'agir.

Lorsque la plaque est arrivée au degré de jaune nécessaire, il faut emboîter la planchette dans le chassis *planche* 3e, *fig.* 4e, qui s'adapte à la chambre noire. Il faut éviter que le jour frappe sur la planche; pour cela, on peut l'éclairer avec une bougie, dont la lumière a beaucoup moins d'action; il ne faudrait pas cependant que cette lumière frappât trop long-temps sur la plaque, car elle y laisserait des traces.

On passe ensuite à la troisième opération, qui est celle de la chambre obscure. Il faut autant que possible passer immédiatement de la seconde opération à la troisième, ou ne pas laisser entre elles plus d'une heure d'intervalle; au-delà de ce temps, la combinaison de l'iode et de l'argent n'a plus la même propriété.

OBSERVATIONS.

Avant de se servir de la boîte, il faut d'abord bien en essuyer l'intérieur et la renverser pour en faire tomber toutes les petites parcelles d'iode qui pourraient s'être échappées de la capsule, en évitant de toucher l'iode, qui tacherait les doigts. La capsule doit être couverte d'une gaze tendue sur un anneau; cette gaze a pour but de régulariser l'évaporation de l'iode et en même temps d'empêcher, quand on ferme le couvercle de la boîte, que la compression de l'air qui en résulte ne fasse voltiger des particules d'iode qui arriveraient jusqu'à la plaque et y feraient de fortes taches. C'est pour cette cause qu'il faut toujours fermer la boîte très-doucement pour ne pas faire voltiger dans l'intérieur de la poussière qui pourrait être chargée de la vapeur de l'iode.

TROISIÈME OPÉRATION.

L'appareil nécessaire pour cette opération se borne à la chambre noire. Voir *Planche 4e, fig.* 1, 2.

La troisième opération est celle qui a lieu sur la nature dans la chambre noire. Il faut autant que possible choisir les objets éclairés par le soleil, parce qu'alors l'opération est plus prompte. On conçoit aisément que cette opération ne se produisant que par l'effet de la lumière, cette action est d'autant plus prompte que les objets sont plus fortement éclairés, et qu'ils sont, de leur nature, plus blancs.

Après avoir placé la chambre obscure en face du point de vue ou des objets quelconques dont on désire fixer l'image, l'essentiel est de bien mettre au foyer, c'est-à-dire de façon que les objets soient représentés avec une grande netteté, ce que l'on obtient facilement en avançant ou en reculant le châssis de la glace dépolie qui reçoit l'image de la nature. Lorsqu'on a atteint une grande précision, on fixe la partie mobile de la chambre obscure au moyen du bouton à vis destiné à cet usage, puis on retire le châssis de la glace, en ayant soin de ne pas déranger la chambre noire, et on le remplace par l'appareil qui contient la plaque et qui prend exactement la place du châssis. Quand cet appareil est bien assujetti par les petits tourniquets de cuivre, on ferme l'ouverture de la chambre noire, puis on ouvre les portes intérieures de l'appareil par le moyen des deux demi-cercles. Alors la plaque se trouve prête à recevoir l'impression de la vue ou des objets que l'on a choisis. Il ne reste plus qu'à ouvrir le diaphragme de la chambre noire et à consulter une montre pour compter les minutes.

Cette opération est très-délicate, parce que rien n'est visible, et qu'il est de toute impossibilité de déterminer le temps nécessaire à la reproduction, puisqu'il dépend entièrement de l'intensité de lumière des objets que l'on veut reproduire ; ce temps peut varier pour Paris de 3 à 30 minutes au plus.

Il faut aussi remarquer que les saisons, ainsi que l'heure du jour, influent beaucoup sur la promptitude de l'opération. Les moments les plus favorables sont de sept à trois heures ; et ce que l'on obtient à Paris dans 3 ou 4 minutes aux mois de juin et de juillet, exigera 5 ou 6 minutes dans les mois de mai et d'août, 7 ou 8 en avril et en septembre, et ainsi de suite dans la même proportion à mesure qu'on avance dans la saison. Ceci n'est qu'une donnée générale pour les objets très-éclairés, car il arrive souvent qu'il faut 20 minutes dans les mois les plus favorables, lorsque les objets sont entièrement dans la demi-teinte.

On voit, d'après ce qui vient d'être dit, qu'il est impossible de préciser avec justesse le temps nécessaire pour obtenir les épreuves ; mais avec un peu d'habitude on parvient facilement à l'apprécier. On conçoit que dans le midi de la France, et généralement dans tous les pays où la lumière a beaucoup d'intensité, comme en Espagne, en Italie, etc., les épreuves doivent se faire plus promptement. Il est aussi très-important de ne pas dépasser le temps nécessaire pour la reproduction, parce que les clairs ne seraient plus blancs, ils seraient noircis par l'action trop prolongée de la lumière. Si, au contraire, le temps n'était pas suffisant, l'épreuve serait très-vague et sans aucuns détails.

En supposant que l'on ait manqué une première épreuve en la retirant trop tôt ou en la laissant trop long-temps, on en commence une autre immédiatement, et l'on est bien plus sûr d'arriver juste; il est même utile, pour acquérir beaucoup d'habitude, de faire quelques épreuves d'essai.

Il en est de même ici que pour la couche. Il faut se hâter de faire subir à l'épreuve la quatrième opération aussitôt qu'elle sort de la chambre noire. Il ne faut pas mettre au-delà d'un heure d'intervalle, et on est bien plus certain de l'épreuve quand on peut opérer immédiatement.

QUATRIÈME OPÉRATION.

Il faut pour cette opération :

Un flacon de mercure contenant au moins un kilo ;

Une lampe à l'esprit-de-vin ;

L'appareil figuré *planche* 5ᵉ, *fig.* 1, 2 et 3 ;

Un entonnoir en verre à long col.

On verse, au moyen de l'entonnoir, le mercure dans la capsule qui est au fond de l'appareil, en assez grande quantité pour que la boule du thermomètre en soit couverte. Pour cela, il en faut à peu près un kilo; ensuite, et à partir de ce moment, on ne peut s'éclairer d'une autre lumière que de celle d'une bougie.

On retire la planchette sur laquelle est fixée la plaque de l'appareil *planche* 3ᵉ, *fig.* 4, qui la préserve du contact de la lumière, et on fait entrer cette planchette entre les coulisses de la planche noire, *planche* 5ᵉ, *fig.* 1; on remet la planche noire dans l'appareil sur les tasseaux qui la tiennent inclinée à 45 degrés, le métal en dessous, de manière qu'on puisse le voir à travers la glace; puis on ferme le couvercle de l'appareil très-lentement, afin que l'air refoulé ne fasse pas voltiger des parcelles de mercure.

Lorsque tout est ainsi disposé, on allume la lampe à l'esprit-de-vin que l'on place sous la capsule contenant le mercure, et on l'y laisse jusqu'à ce que le thermomètre, dont la boule plonge dans le mercure, et dont le tube sort de la boîte, indique une chaleur de 60 degrés centigrades; alors on s'empresse de retirer la lampe : si le thermomètre a monté rapidement, il continue à s'élever sans le secours de la lampe; mais il faut observer qu'il ne doit pas dépasser 75 degrés.

L'empreinte de l'image de la nature existe sur la plaque, mais elle n'est pas visible; ce n'est qu'au bout de quelques minutes qu'elle commence à paraître, ce dont on peut s'assurer en regardant à travers la glace, et en s'éclairant de la bougie dont on évitera de laisser trop long-temps frapper la lumière sur la plaque, parce qu'elle y laisserait des traces. Il faut laisser l'épreuve jusqu'à ce que le thermomètre soit descendu à 45 degrés; alors on la retire, et cette opération est terminée.

Lorsque les objets ont été fortement éclairés, et que l'on a laissé la lumière agir un peu trop long-temps dans la chambre noire, il arrive que cette opération est terminée avant même que le thermomètre soit descendu à 55 degrés; on peut s'en assurer en regardant à travers la glace.

Il est nécessaire, après chaque opération, de bien essuyer l'intérieur de l'appareil pour en enlever la petite couche de mercure qui s'y répand généralement. Il faut aussi avoir bien soin d'essuyer la planche noire afin qu'il n'y reste aucune apparence de mercure. Lorsqu'on est forcé d'emballer l'appareil pour le transporter, il faut remettre dans le flacon le mercure qui est dans la capsule, ce qui se fait en inclinant la boîte pour le faire couler par le petit robinet qui est pratiqué à cet effet.

On peut regarder l'épreuve à un faible jour pour s'assurer qu'elle a bien réussi. On la détache de la planchette en enlevant les quatre petites bandes métalliques qu'il faut avoir soin de nettoyer avec de la ponce et un peu d'eau à chaque épreuve. On conçoit que ce nettoyage est nécessaire, puisque non-seulement ces petites bandes sont recouvertes d'une couche d'iode, mais qu'elles ont aussi reçu une partie de l'image. On place la plaque dans la boîte à coulisse, *planche 2, fig. 3,* jusqu'à ce qu'on puisse lui faire subir la cinquième et dernière opération, qu'on peut se dispenser de faire immédiatement, car l'épreuve peut être conservée dans cet état pendant plusieurs mois sans qu'elle subisse d'altération, pourvu cependant qu'on évite de la regarder souvent et au grand jour.

CINQUIÈME OPÉRATION.

Le but de la cinquième opération est d'enlever de la plaque l'iode, qui autrement, lorsque l'épreuve serait exposée trop long-temps à la lumière, continuerait à se décomposer et la détruirait.

5.

Il faut pour cette opération :

De l'eau saturée de sel marin, ou une solution faible d'hyposulfite de soude pure ;

L'appareil décrit *planche* 6 , *fig.* 4 et 4 bis ;

Deux bassines en cuivre étamé , *planche* 6 , *fig.* 2 et 2 bis ;

Une bouillotte d'eau distillée , *planche* 6 , *fig.* 4.

Pour enlever la couche d'iode , il faut prendre du sel commun qu'on introduit dans un bocal ou dans une bouteille à large ouverture ; on en met jusqu'au quart de la hauteur de la bouteille, que l'on remplit avec de l'eau claire. Pour aider à fondre le sel , on agite de temps en temps la bouteille. Quand l'eau est parfaitement saturée , c'est-à-dire lors-qu'elle ne peut plus dissoudre de sel, il faut la filtrer au papier gris , afin qu'il n'y reste aucune ordure et qu'elle soit parfaitement limpide. On prépare d'avance cette eau saturée de sel en assez grande quantité et on la conserve dans des bouteilles bouchées ; on évite par ce moyen d'en faire à chaque épreuve.

On verse dans l'une des bassines de l'eau salée, jusqu'à peu près trois centimètres de sa hauteur ; on remplit l'autre d'eau pure ordinaire. Ces deux liquides doivent être chauffés sans être bouillants.

On peut remplacer la solution de sel marin par une solution d'hypo-sulfite de soude pur ; cette dernière est même préférable, parce qu'elle enlève entièrement l'iode, ce qui n'a pas toujours lieu avec la solution de sel marin, surtout lorsque les épreuves sont faites depuis long-temps. Du reste, l'opération est la même pour les deux solutions ; celle d'hypo-sulfite n'a pas besoin d'être chauffée, et il en faut une moins grande quantité puisqu'il suffit que la plaque en soit couverte dans le fond du bassin.

On trempe d'abord la plaque dans l'eau pure contenue dans la bas-sine. Il faut seulement la plonger sans la quitter, et la retirer immé-diatement, car il suffit que la surface de la plaque ait été couverte d'eau ; puis, sans la laisser sécher, on la plonge de suite dans l'eau salée. Si on ne trempait d'abord la plaque dans l'eau pure avant de la plonger dans l'eau salée ou dans la solution d'hyposulfite, ces dernières y feraient des taches ineffaçables. Pour faciliter l'action de l'eau salée ou de l'hy-posulfite, qui s'emparent de l'iode, on agite la plaque, sans la faire sortir du liquide, au moyen du petit crochet en cuivre étamé, *plan-che* 6, *fig.* 5e, que l'on passe en dessous de la plaque, on la soulève et on la laisse redescendre à plusieurs reprises. Quand la couleur jaune a tout-à-fait disparu, on enlève la plaque et on la prend par les deux extrémités en serrant les mains sur les épaisseurs (afin que les doigts ne touchent pas l'épreuve), et on la plonge immédiatement dans la première bassine d'eau pure.

On prend alors l'appareil, *planche* 6, *fig.* 4ᵉ et 4ᵉ *bis*, et la bouillotte, *planche* 6, *fig.* 5ᵉ, qui doit être très-propre, et dans laquelle on a fait bouillir de l'eau distillée. On retire la plaque de la bassine d'eau et on la place de suite sur le plateau incliné, *pl.* 6, *fig.* 4ᵉ ; puis, sans lui donner le temps de sécher, on verse sur la surface, et par le haut de la plaque, l'eau distillée très-chaude, sans cependant être bouillante, de manière qu'en tombant cette eau forme une nappe sur toute l'étendue de l'épreuve et entraîne avec elle toute la solution de sel marin ou d'hyposulfite, qui est déjà bien affaiblie par l'immersion de la plaque dans la première bassine *.

Il ne faut pas moins d'un litre d'eau distillée pour une épreuve de la grandeur indiquée. Il est rare qu'après avoir versé cette quantité d'eau chaude sur l'épreuve, il n'en reste quelques gouttes sur la plaque. Dans ce cas il faut s'empresser de faire disparaître ces gouttes avant qu'elles aient eu le temps de sécher, car elles pourraient contenir quelques parcelles de sel marin et même d'iode ; on les enlève en soufflant fortement avec la bouche sur la plaque.

On conçoit combien il est important que l'eau dont on se sert pour ce lavage soit pure, car, en se séchant sur la surface de la plaque, malgré la rapidité avec laquelle elle a coulé, si cette eau contenait quelque matière en dissolution, il se formerait sur l'épreuve des taches nombreuses et ineffaçables.

Pour s'assurer si l'eau peut convenir à ce lavage, on en verse une goutte sur une plaque brunie, et si, en la faisant évaporer à l'aide de la chaleur, elle ne laisse aucun résidu, on peut l'employer sans crainte. L'eau distillée ne laisse aucune trace.

Après ce lavage l'épreuve est terminée, il ne reste plus qu'à la préserver de la poussière et des vapeurs qui pourraient ternir l'argent. Le mercure qui dessine les images est en partie décomposé, il adhère à l'argent, il résiste à l'eau qu'on verse dessus, mais il ne peut soutenir aucun frottement.

* Si l'on emploie l'hyposulfite, l'eau distillée doit être versée moins chaude qu'avec le sel marin.

Pour conserver les épreuves, il faut les mettre sous verre et les coller ; elles sont alors inaltérables, même au soleil.

Comme il est possible qu'on ne puisse en voyage s'occuper de l'encadrement des épreuves, on peut les conserver tout aussi bien en les enfermant dans une boîte comme celle représentée *planche 2, fig. 3*. On peut, pour plus de sûreté, coller de petites bandes de papier sur les joints du couvercle *.

Il est nécessaire de dire que les planches d'argent plaqué peuvent servir plusieurs fois, tant qu'on ne découvre pas le cuivre. Mais il est bien important d'enlever à chaque fois le mercure comme il a été dit, en employant la ponce avec l'huile et en changeant souvent de coton ; car, autrement, le mercure finit par adhérer à l'argent, et les épreuves que l'on obtient sur cet amalgame sont toujours imparfaites, parce qu'elles manquent de vigueur et de netteté.

---

* L'auteur avait essayé de préserver les épreuves au moyen de différents vernis obtenus à l'aide de succin, de copal, de caout-chouc, de cire et de plusieurs résines ; mais il avait remarqué que, par l'application d'un vernis quelconque, les lumières des épreuves étaient considérablement atténuées et qu'en même temps les vigueurs étaient voilées. A cet inconvénient se joignait la décomposition du mercure par sa combinaison avec les vernis essayés ; cet effet, qui ne commençait à se développer qu'au bout de deux ou trois mois, finissait par détruire entièrement l'image. Du reste, il suffisait, pour que l'auteur rejetât entièrement l'usage des vernis, que leur application détruisît l'intensité des lumières, puisque le perfectionnement le plus à désirer dans le procédé est au contraire le moyen d'augmenter cette intensité.

EXPLICATION DES PLANCHES
DU DAGUERRÉOTYPE.

PLANCHE Iʳᵉ.

La *fig.* 1ᵉ représente un châssis en fil de fer, vu par-dessus ; la *fig.* 1ᵉ (*bis*) montre le même châssis, vu en élevation ; ce châssis sert à poser les plaques pour les chauffer avec la lampe à esprit-de-vin B, *fig.* 6.

A. Bouchon pour empêcher l'esprit-de-vin de s'évaporer quand on ne fait pas usage de la lampe.

Fig. 2ᵉ. Feuille d'argent plaqué, sur laquelle on fait l'épreuve ; sa grandeur est de deux cent seize millimètres sur cent soixante-quatre millimètres. Pour faire des épreuves d'une plus grande dimension, il faudrait augmenter non-seulement le foyer de l'objectif, mais encore la grandeur de tous les appareils.

Fig. 2ᵉ (*bis*). Épaisseur de la plaque : elle peut être très-mince, l'essentiel est qu'elle soit bien plane.

Fig. 3ᵉ. Planchette sur laquelle on fixe la plaque en l'attachant au moyen de quatre petites bandes B en argent plaqué, de même épaisseur que la plaque ; on fixe ces bandes avec des petits clous que l'on enfonce dans les trous D, avec un manche, *fig.* 5ᵉ.

Les bandes, étant à fleur de la plaque, ne la retiennent que par des petites saillies soudées dessus ; ces petites bandes métalliques ont pour but principal de faciliter l'égalisation de la couche d'iode qui, sans elles, serait beaucoup plus intense sur les bords de la plaque que dans le centre.

Fig. 3ᵉ (*bis*). Même planchette vue sur l'épaisseur.

Fig. 4ᵉ. Tampon de mousseline qui contient la ponce.

Nota. — L'échelle qui se trouve au bas de la planche 2ᵉ sert pour toutes les autres.

PLANCHE IIᵉ.

La *fig.* 1ʳᵉ représente, suivant la ligne A B, une coupe de la boîte qui sert à obtenir la couche d'iode sur les feuilles d'argent plaqué.

La *fig.* 2ᵉ représente la même boîte vue par-dessus.

C. Petit couvercle qui ferme parfaitement la partie inférieure de la boîte ; il sert, quand on n'opère pas, à concentrer l'évaporation de l'iode qui pénètre le bois dans cette partie de la boîte, et qui tend toujours s'en dégager.

D. Capsule dans laquelle on dépose l'iode.

E. Planchette garnie de la plaque, comme elle est désignée Pl.. 1ᵉ, fig. 5ᵉ; elle se pose, pour obtenir la couche, sur les quatre goussets F qui sont aux quatre angles de la boîte, il faut nécessairement qu'alors le couvercle C soit retiré.

G. Couvercle de la boîte qu'il faut toujours tenir fermée.

H. Petites tringles aux quatre coins de l'entonnoir de la boîte, pour soutenir le couvercle C.

J. Cercle garni de gaze, que l'on pose sur la capsule pour égaliser la vapeur de l'iode; il sert aussi à empêcher qu'en fermant la boîte trop vite, l'air comprimé ne fasse voltiger, en dehors de la capsule, des parcelles d'iode qui pourraient s'attacher à la plaque, et qui feraient des taches sur l'épreuve.

K. Garniture en bois, formant dans l'intérieur une seconde boîte en forme d'entonnoir.

Fig. 5ᵉ. Représente une boîte et son couvercle, dans laquelle on enferme les feuilles d'argent plaqué, avant et après les épreuves faites; elles entrent dans des petites rainures pratiquées des deux côtés de manière qu'elles ne peuvent frotter l'une contre l'autre et en même temps elles sont garanties de la poussière. En collant des bandes de papier sur les jointures du couvercle on garantit les épreuves de toutes vapeurs, mais cela n'est important que pour celles qui sont terminées entièrement, et encore dans le cas où la boîte ne fermerait pas exactement.

PLANCHE IIIᵉ.

La planche 5ᵉ représente quatre positions du châssis qui sert à renfermer la planchette garnie de la plaque pour la garantir de la lumière aussitôt qu'elle a reçu la couche d'iode dans la boîte Pl. 2ᵉ.

A. Demi-cercles qui servent à ouvrir les portes B.

C. Planchette garnie de la plaque.

D. Tourniquets pour arrêter la planchette et les portes.

E. Épaisseur du châssis.

F. Plaque de l'épreuve.

Fig. 5ᵉ. Représente le châssis avec les portes ouvertes, comme elles le sont au moment où l'on fait une épreuve dans la chambre noire.

PLANCHE IVe.

La *fig.* 1re représente une coupe perpendiculaire dans la longueur de la chambre noire, avec le châssis portant le verre dépoli A, dont la distance à l'objectif est tout-à-fait semblable à celle que doit prendre la plaque de l'épreuve dans le châssis à portes, comme on le voit en C, *fig.* 2e.

B est un miroir qui sert à redresser les objets. Pour choisir les points de vue, on l'incline à 45 degrés par le moyen de la tringle L; mais pour mettre le foyer avec précision, il faut ouvrir tout-à-fait la glace, et regarder tellement les objets sur le verre dépoli. On met facilement au foyer, en avançant ou en reculant la double boîte D, en la prenant dans le bas avec les deux mains aux deux saillies E, *fig.* 2e. Quand le foyer est mis avec précision, on tourne le bouton H pour le fixer; on referme la glace au moyen des deux petits crochets F qui entrent dans les petites plaques percées G, et on retire tout le châssis pour le remplacer par celui qui porte la plaque préparée, qui est représenté *fig.* 2e, avec les portes ouvertes dans la chambre noire. Les portes doivent être garnies dans l'intérieur en velours noir ainsi que la double boîte D, pour éviter tous les reflets de la lumière.

L'objectif est achromatique et périscopique (la partie concave doit être en-dehors de la chambre noire), son diamètre est de quatre-vingt-un millimètres, et son foyer de trente-huit centimètres. Un diaphragme est placé en avant de l'objectif à une distance de soixante huit millimètres, et son ouverture, qui se ferme au moyen d'une plaque à pivot, est de vingt-sept millimètres.

Cette chambre noire a l'inconvénient de transposer les objets de droite à gauche, ce qui est fort indifférent pour une multitude d'objets; mais si l'on tient à obtenir une vue dans un état naturel, il faut ajouter une glace parallèle en avant de l'ouverture du diaphragme; on la dispose comme en J, *fig.* 2e, et on la fixe au moyen de la vis K. Mais comme cette réflexion occasionne une perte de lumière, il faut compter un tiers de temps en plus pour obtenir les épreuves.

PLANCHE V^e.

La planche 5e représente le même appareil sous trois différents aspects.

Fig. 1re. L'appareil représenté en coupe.

Fig. 2e. *Idem* vu de face.

Fig. 5e. *Idem* vu du côté droit où est le thermomètre.

A. Couvercle de l'appareil.

B. Planche noire avec rainures, pour recevoir la planchette H garnie de la plaque.

C. Capsule contenant le mercure.

D. Lampe à esprit-de-vin.

E. Petit robinet pratiqué dans un angle, et par lequel on retire le mercure en inclinant l'appareil.

F. Thermomètre.

G. Glace par laquelle on peut voir les épreuves.

H. Planchette garnie de la plaque à épreuves.

I. Pied sur lequel on pose la lampe à esprit-de-vin que l'on fait entrer dans l'anneau K, afin qu'elle soit au milieu de la capsule.

Tout l'intérieur de l'appareil doit être en noir vernis.

PLANCHE VI.

La *fig.* 1re représente un entonnoir garni d'un filtre de papier gris, pour filtrer l'eau saturée de sel marin ou la solution d'hyposulfite de soude.

Fig. 2e. Bassine en cuivre étamé, dans le fond de laquelle est figurée en B la plaque de l'épreuve. Il faut deux bassines semblables, l'une pour l'eau salée, et l'autre pour l'eau pure.

Fig. 3e. Petit crochet en cuivre étamé, qui sert à soulever la plaque dans les bassines, pour l'agiter et la retirer avec plus de facilité.

Fig. 4e. représente un appareil en fer-blanc vernis, pour laver les épreuves que l'on place sur l'équerre D.

E. Épaisseur pour retenir l'eau qui coule par le tuyau C.

Fig. 5e. Bouillotte à large goulot ; elle sert à faire chauffer l'eau distillée, et à la verser sur l'épreuve quand elle est placée comme on la voit en B, *fig.* 4e.

DESCRIPTION

DES PROCÉDÉS DE PEINTURE ET D'ÉCLAIRAGE

INVENTÉS PAR DAGUERRE,

ET APPLIQUÉS PAR LUI

AUX TABLEAUX DU DIORAMA.

Ces procédés ont été principalement développés dans les tableaux de la *Messe de minuit*, l'*Éboulement dans la vallée de Goldau*, le *Temple de Salomon* et la *Basilique de Sainte-Marie de Montréal*. Tous ces tableaux ont été représentés avec des effets de jour et de nuit. A ces effets étaient jointes des décompositions de formes, au moyen desquelles, dans la *Messe de minuit* par exemple, des figures apparaissaient où l'on venait de voir des chaises, ou bien, dans la *Vallée de Goldau*, des rochers éboulés remplaçaient l'aspect de la riante vallée.

PROCÉDÉ DE PEINTURE.

La toile devant être peinte des deux côtés, ainsi qu'éclairée par réflexion et par réfraction, il est indispensable de se servir d'un corps très-transparent, dont le tissu doit être le plus égal possible. On peut employer de la percale ou du calicot. Il est nécessaire que l'étoffe que l'on choisit soit d'une grande largeur, afin d'avoir le plus petit nombre possible de coutures, qui sont toujours difficiles à dissimuler, surtout dans les grandes lumières du tableau.

Lorsque la toile est tendue, il faut lui donner de chaque côté au moins deux couches de colle de parchemin.

PREMIER EFFET.

Le premier effet, qui doit être le plus clair des deux, s'exécute sur le devant de la toile. On fait d'abord le trait avec de la mine de plomb, en ayant soin de ne pas salir la toile, dont la blancheur est la seule ressource que l'on ait pour les lumières du tableau, puisque l'on n'emploie pas de blanc dans l'exécution du premier effet. Les couleurs dont on fait usage sont broyées à l'huile, mais employées sur la toile avec de l'essence, à laquelle on ajoute quelquefois un peu d'huile grasse, seulement pour les vigueurs, que du reste on peut vernir sans inconvénient. Les moyens que l'on emploie pour cette peinture ressemblent entièrement à ceux de l'aquarelle, avec cette seule différence que les couleurs sont broyées à l'huile, au lieu de gomme, et étendues avec de l'essence au lieu d'eau. On conçoit qu'on ne peut employer ni blanc, ni aucune couleur opaque quelconque par épaisseurs, qui feraient, dans le second effet, des taches plus ou moins teintées, selon leur plus ou moins d'opacité. Il faut tâcher d'accuser les vigueurs au premier coup, afin de détruire le moins possible la transparence de la toile.

DEUXIÈME EFFET.

Le second effet se peint derrière la toile. On ne doit avoir, pendant l'exécution de cet effet, d'autre lumière que celle qui arrive du devant du tableau en traversant la toile. Par ce moyen, on aperçoit en transparent les formes du premier effet ; ces formes doivent être conservées ou annulées.

On glace d'abord sur toute la surface de la toile une couche d'un blanc transparent, tel que le blanc de Clichy, broyé à l'huile et détrempé à l'essence. On efface les traces de la brosse au moyen d'un blaireau. Avec cette couche, on peut dissimuler un peu les coutures, en ayant soin de la mettre plus légère sur les lisières dont la transparence est toujours moindre que celle du reste de la toile. Lorsque cette couche est sèche, on trace les changements que l'on veut faire au premier effet.

Dans l'exécution de ce second effet, on ne s'occupe que du modelé en blanc et noir sans s'inquiéter des couleurs du premier tableau qui s'aperçoivent en transparent; le modelé s'obtient au moyen d'une teinte dont le blanc est la base et dans laquelle on met une petite quantité de noir de pêche pour obtenir un gris dont on détermine le degré d'intensité en l'appliquant sur la couche de derrière et en regardant par devant pour s'assurer qu'elle ne s'aperçoit pas. On obtient alors la dégradation des teintes par le plus ou moins d'opacité de cette teinte.

Il arrivera que les ombres du premier effet viendront gêner l'exécution du second. Pour remédier à cet inconvénient et pour dissimuler ces ombres, on peut en raccorder la valeur au moyen de la teinte employée plus ou moins épaisse, selon le plus ou moins de vigueur des ombres que l'on veut détruire.

On conçoit qu'il est nécessaire de pousser ce second effet à la plus grande vigueur, parce qu'il peut se rencontrer que l'on ait besoin de clairs à l'endroit où se trouvent des vigueurs dans le premier.

Lorsqu'on a modelé cette peinture avec cette différence d'opacité de teinte, et qu'on a obtenu l'effet désiré, on peut alors la colorer en se servant des couleurs les plus transparentes broyées à l'huile. C'est encore une aquarelle qu'il faut faire; mais il faut employer moins d'essence dans ces glacis, qui ne deviennent puissants qu'autant qu'on y revient à plusieurs reprises et qu'on emploie plus d'huile grasse. Cependant, pour les colorations très-légères, l'essence seule suffit pour étendre les couleurs.

ÉCLAIRAGE.

L'effet peint sur le devant de la toile est éclairé par réflexion, c'est-à-dire seulement par la lumière qui vient du devant, et le second reçoit sa lumière par réfraction, c'est-à-dire par derrière seulement. On peut dans l'un et l'autre effet employer à la fois les deux lumières pour modifier certaines parties du tableau.

La lumière qui éclaire le tableau par devant doit autant que possible venir d'en haut; celle qui vient par derrière doit arriver par des croisées verticales; bien entendu que ces croisées doivent être tout-à-fait fermées lorsqu'on voit le premier tableau seulement.

S'il arrivait qu'on eût besoin de modifier un endroit du premier effet par la lumière de derrière, il faudrait que cette lumière fût encadrée de manière à ne frapper que sur ce point seulement. Les croisées doi-

vent être éloignées du tableau de deux mètres au moins, afin de pouvoir
modifier à volonté la lumière en la faisant passer par des milieux colorés, suivant les exigences de l'effet; on emploie le même moyen pour
le tableau du devant.

Il est reconnu que les couleurs qui apparaissent des objets en général
ne sont produites que par l'arrangement des molécules de ces objets.
Par conséquent toutes les substances employées pour peindre sont in-
colores; elles ont seulement la propriété de réfléchir tel ou tel rayon
de la lumière qui porte en elle-même toutes les couleurs. Plus ces
substances sont pures, plus elles réfléchissent les couleurs simples, mais
jamais cependant d'une manière absolue, ce qui, du reste, n'est pas
nécessaire pour rendre les effets de la nature.

Pour faire comprendre les principes sur lesquels ont été faits et
éclairés les tableaux du Diorama ci-dessus mentionnés, voici un exemple de ce qui arrive lorsque la lumière est décomposée, c'est-à-dire
lorsqu'une partie de ses rayons est interceptée :

Couchez sur une toile deux couleurs de la plus grande vivacité, l'une
rouge et l'autre verte à peu près de la même valeur, faites traverser à
la lumière qui devra les éclairer un milieu rouge, tel qu'un verre coloré, la couleur rouge réfléchira les rayons qui lui sont propres et la
verte restera noire. En substituant un milieu vert au milieu rouge,
il arrivera au contraire que le rouge restera noir tandis que le vert réfléchira la couleur verte. Mais ceci n'a complètement lieu que dans le
cas où le milieu employé refuse à la lumière le passage de tous ses
rayons excepté un seul. Cet effet est d'autant plus difficile à obtenir
entièrement, qu'en général les matières colorantes n'ont pas la propriété de ne réfléchir qu'un seul rayon; néanmoins dans le résultat
de cette expérience, l'effet est bien déterminé.

Pour en revenir à l'application de ce principe aux tableaux du Diorama, bien que dans ces tableaux il n'y avait effectivement de peints
que deux effets, l'un de jour peint par-devant, et l'autre de nuit peint
par-derrière, ces effets, ne passant de l'un à l'autre que par une combinaison compliquée des milieux que la lumière avait à traverser,
donnaient une infinité d'autres effets semblables à ceux que présente
la nature dans ses transitions du matin au soir et vice versâ. Il ne faut
pas croire qu'il soit nécessaire d'employer des milieux d'une couleur
très-intense pour obtenir de grandes modifications de couleur, car
souvent une faible nuance suffit pour opérer beaucoup de changement.

On comprend, d'après les résultats qui ont été obtenus au Diorama par la seule décomposition de la lumière, combien il est important d'observer l'état du ciel pour pouvoir apprécier la couleur d'un tableau, puisque les matières colorantes sont sujettes à des décompositions si grandes. La lumière préférable est celle d'un ciel blanchâtre, car lorsque le ciel est bleu, ce sont les tons bleus et en général les tons froids qui sont les plus puissants en couleur, tandis que les tons colorés restent ternes. — Il arrive au contraire, lorsque le ciel est coloré, que ce sont les tons froids qui perdent de leur couleur, et les tons chauds, le jaune et le rouge par exemple, qui acquièrent une grande vivacité. Il est facile de conclure de là que les rapports d'intensité des couleurs ne peuvent pas se conserver du matin au soir ; on peut même dire qu'il est physiquement démontré qu'un tableau ne peut pas être le même à toutes les heures de la journée. C'est là probablement une des causes qui contribuent à rendre la bonne peinture si difficile à faire et si difficile à apprécier, car les peintres, induits en erreur par les changements qui s'opèrent du matin au soir dans l'apparence de leurs tableaux, attribuent faussement ces changements à une variation dans leur manière de voir, tandis qu'ils ne sont souvent causés que par la nature de la lumière.

FIN.

Pl. I.

Fig. 1.

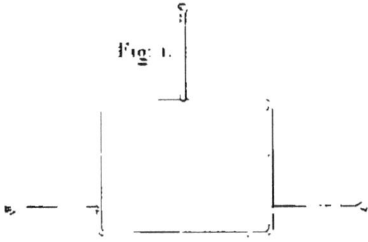

Fig. 1. bis.

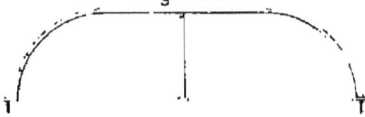

Fig. 2.

C

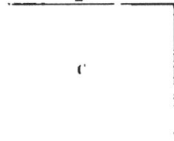

Fig. 2. bis.

Fig. 3.

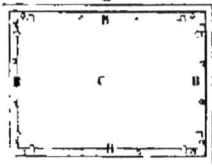

B

C

B

H

Fig. 3. bis.

Fig. 4.

Fig. 5.

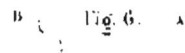

B

Fig. 6.

A

Pl. I

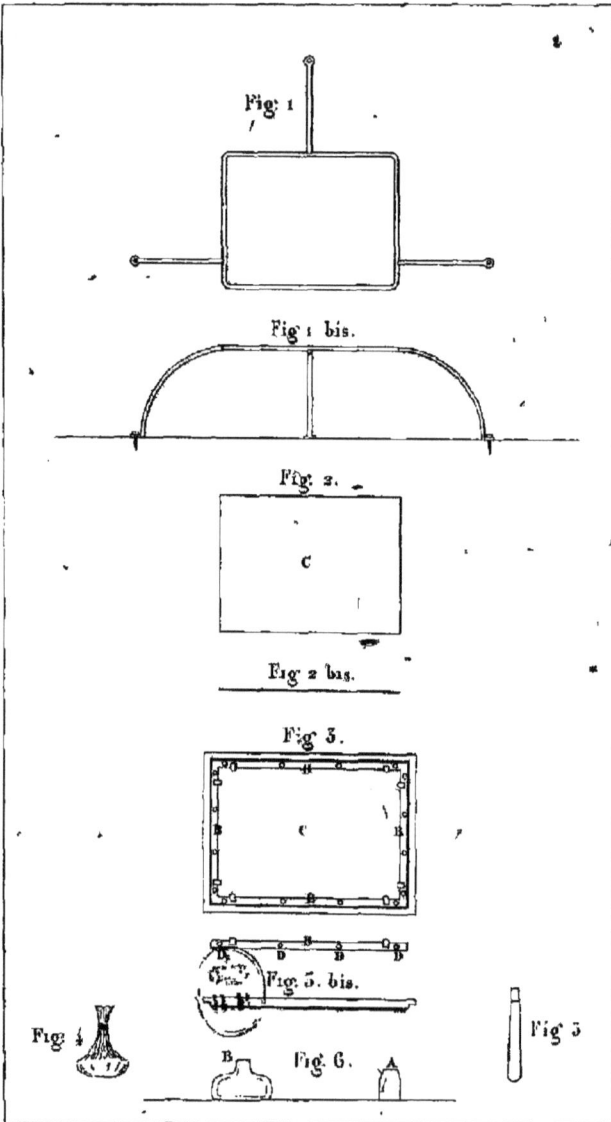

Fig. 1

Fig. 1 bis.

Fig. 2.

C

Fig. 2 bis.

Fig. 3.

Fig. 3. bis.

Fig. 4

Fig. 6.

Fig. 5

Pl. II.

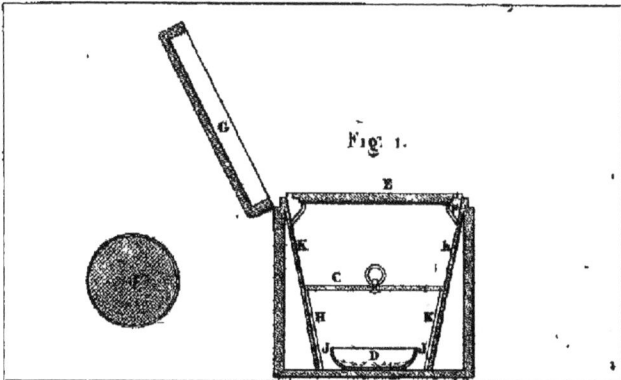

Fig. 1.

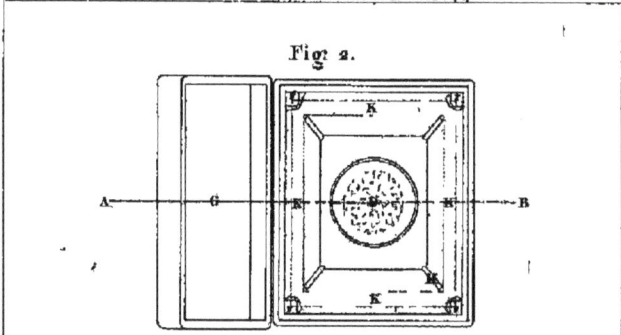

Fig. 2.

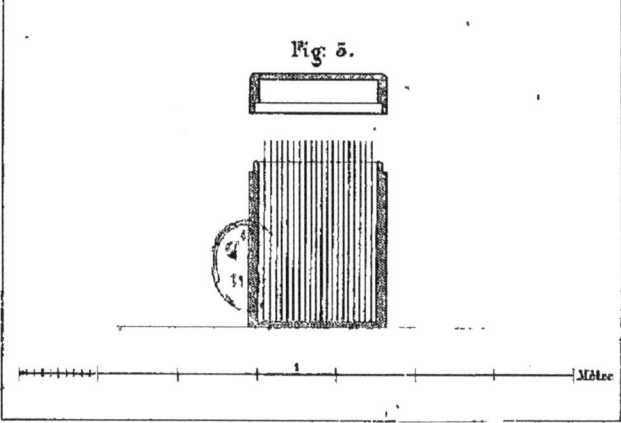

Fig. 3.

Mètre

Fig. 1.

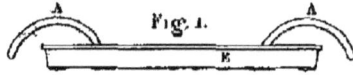

Fig. 2.

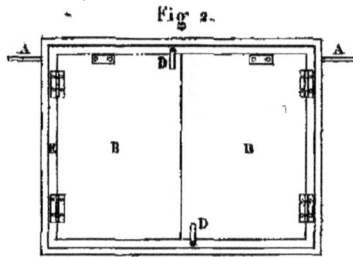

Fig. 3

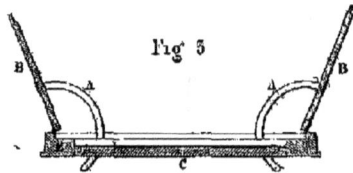

Fig. 4.

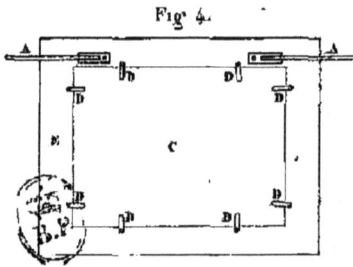

Pl. IV.

Fig. 1.

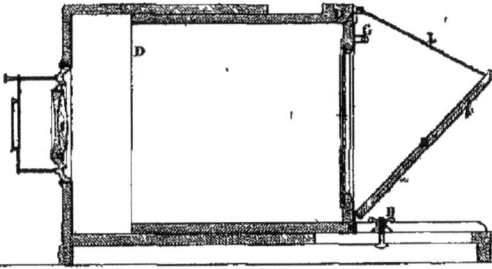

Fig 2.

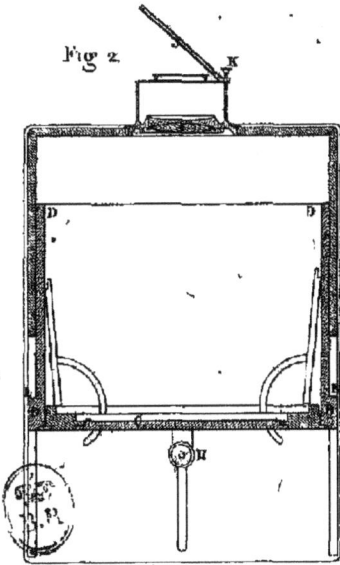

Pl. V.

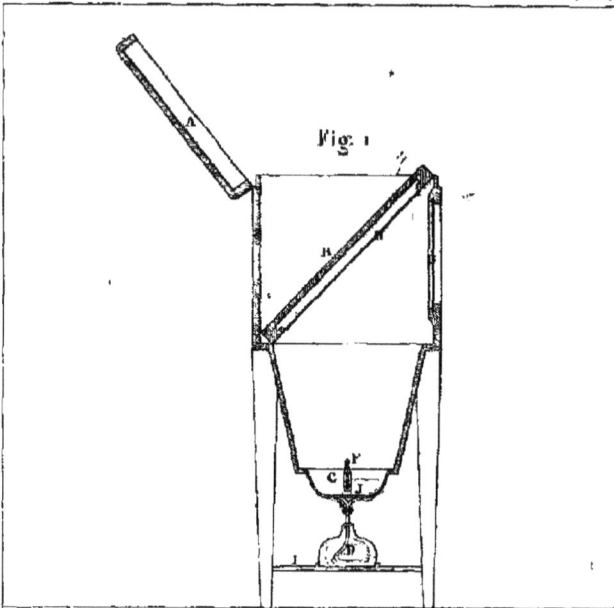

Fig. 1

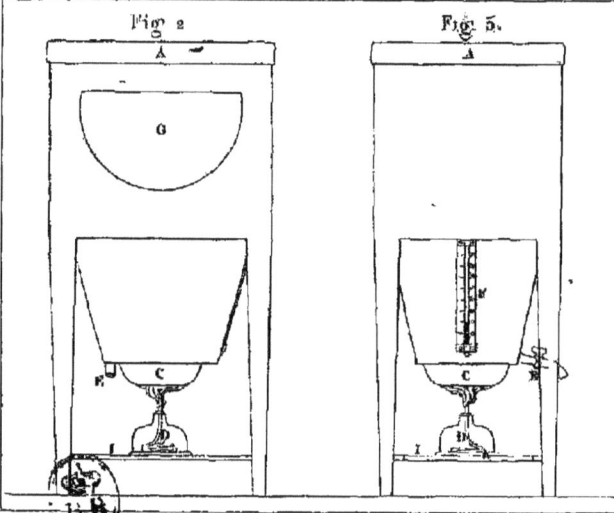

Fig. 2　　　　　Fig. 5.

Pl. VI.

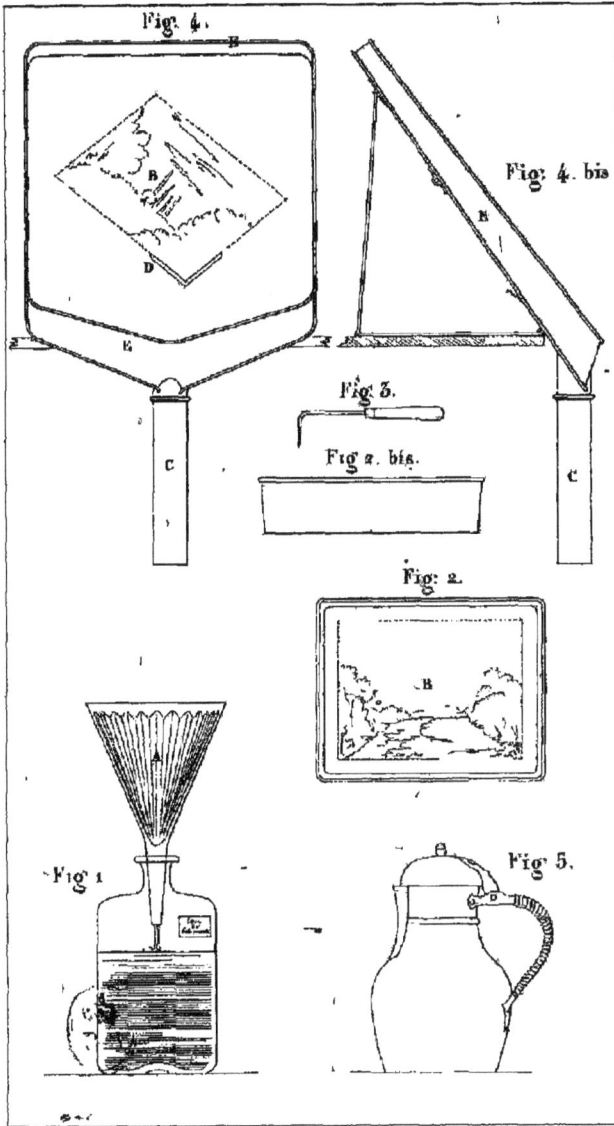

Fig. 4.

Fig. 4. bis

Fig. 3.

Fig. 2. bis.

Fig. 2.

Fig. 1.

Fig. 5.

Catalogue des Sculptures

Éditées par MM. SUSSE frères,

PLACE DE LA BOURSE, 31

ARTISTES.	SUJETS.	PLATRE			CARTON PIERRE			BRONZE			BISCUIT.	HAUTEUR.
		Blanc.	Au fer.	Bronzé.	Blanc.	Au fer.	Bronzé.	Bronzé.	Vernis.	Or moulu.		Pouce
Antonin Moine.	Bonaparte (général)..	8	9	12	12	15	18	50	55	80	»	8
D°....	Kléber..........	8	9	12	12	15	18	50	55	80	»	8
D°....	Don Quichotte......	15	20	25	25	30	35	100	110	150	»	12
D°....	Sancho Pança.......	15	20	25	25	30	35	100	110	150	»	12
D°....	Malibran (madame)...	10	15	20	20	25	30	»	»	»	»	10
D°....	Grenadier vieille garde	20	25	30	30	35	40	»	»	»	»	10
D°....	Sonneur d'Oliphan.....	35	45	55	45	55	65	200	215	250	50	16
D°....	Femme au Faucon....	»	»	»	»	»	»	»	»	»	50	16
D°....	L'enfant aux pommes....	6	8	10	10	12	15	30	35	50	10	4
D°....	Enfants qui pleurent et qui rient..........	1	2	2	2	3	4	»	»	»	2 50	1 1/2
D°....	Têtes demi corps moyen âge........	5	8	10	8	10	12	50	55	80	»	6
D°....	Veilleuse D. Quichotte	»	»	»	35	40	45	120	130	160	»	»
D°....	Grand support (fenêt.)	15	20	30	25	30	40	»	»	»	»	16
D°....	Petit support (fenêtre).	6	8	10	10	12	15	»	»	»	»	7
D°....	Support renaissance au masque..........	10	15	20	»	»	»	75	80	150	»	7
D°....	Grand plat au serpent,	20	25	30	»	»	»	»	»	»	»	»
D°....	Suite de lézards, etc..	8	10	12	»	»	»	»	»	»	»	»
D°....	Serpent presse papier..	»	»	»	»	»	»	45	45	65	»	»
D°....	Lézard id......	»	»	»	»	»	»	12	15	24	»	»
D°....	Coquilles à poudre...	»	»	»	»	»	»	30	35	50	»	»
D°....	Semainiers........	»	»	»	»	»	»	75	80	100	»	»
D°....	Tête de canne.......	»	»	»	»	»	»	30	30	35	»	»
D°....	Tirant de sonnette (poignée)........	»	»	»	»	»	»	15	15	23	»	»
D°....	Bénitier (ange)......	15	20	25	25	30	35	»	»	»	»	10
Antonin Moine et Rivoulon..	Fontaine en terre cuite, 100 fr..........	»	»	»	»	»	»	»	»	»	»	28
Antonin Moine.	Coupe-serpent.......	6	8	10	»	»	»	»	»	»	»	»
D°....	Cuvette id.......	6	8	10	»	»	»	»	»	»	»	»
D°....	Support renaissance..	20	25	35	30	35	45	»	»	»	»	10
D°....	Esmeralda.........	45	50	60	55	60	75	225	240	325	»	16
D°....	Phœbus...........	45	50	60	55	»	»	»	»	»	»	16
D°....	Princesse Marie.....	35	40	50	»	»	»	»	»	»	»	16
D°....	D° petit modèle.	25	30	40	»	»	»	»	»	»	»	13
D°....	Écritoire renaissance.	»	»	»	»	»	»	120	130	200	»	»
D°....	Napoléon à cheval...	70	80	90	90	100	110	»	»	»	»	15
	Don Quichotte......	»	»	»	»	»	»	35	»	»	»	4 1/2
	Sancho............	»	»	»	»	»	»	35	»	»	»	4 1/2
Comte E. de Nieuwerkerque	Deux chevaliers combattants...........	120	140	160	160	180	200	600	»	1000	»	20
Comte Horace de Viel-Castel.	Bénitier en terre cuite bronzée..........	35	45	50	45	65	70	100	»	»	»	24

ARTISTES.	SUJETS.	PLÂTRE			CARTON PIERRE			BRONZE			BISCUIT.	HAUTEUR.
		Blanc.	Au fer.	Bronzé.	Blanc.	Au fer.	Bronzé.	Bronzé.	Verni.	Or moulu.		Pouce
Jacquemart...	Jeanne d'Arc gr. modèl.	25	30	40	35	40	50	150	175	200	40	16
D°......	D° moyen modèle	15	20	25	25	30	40	»	»	»	30	11
D°......	D° petit modèle..	12	15	20	20	25	30	»	»	»	25	9
D°......	Enfants au chat......	6	8	10	10	12	15	30	35	50	»	5
D°......	Enfants au chien.....	6	8	10	10	12	15	30	35	50	»	5
Kumberworth.	Danseuse napolitaine.	35	40	50	»	»	»	200	210	250	»	16
Rivoulon......	Supports (figures)....	10	15	20	20	25	30	»	»	»	»	10
Gayrard......	Maillotin............	30	40	50	40	50	60	»	»	»	»	24
D°......	Odalisque...........	30	40	50	40	50	60	»	»	»	»	24
Tubray......	Page moyen âge......	6	8	10	»	»	»	»	»	»	»	10
D°......	Femme id........	6	8	10	»	»	»	»	»	»	»	10
Geoffroy.....	L'Ange exterminateur.	25	30	40	40	45	55	»	»	»	»	24
Burzy......	Tête de lion......	5	6	8	»	»	»	»	»	»	»	6
D°......	L'orang-outan......	10	15	20	»	»	»	»	»	»	»	12
Geoffroy.....	Chameau..........	10	15	20	»	»	»	»	»	»	»	12
	Casque (ancien)......	»	»	»	35	40	50	»	»	»	»	18
	Écritoire égyptien....	»	»	»	»	»	»	16	18	25	»	4
Geoffroy......	Niche gothique......	»	»	»	20	25	30	»	»	»	»	24
Fauginet......	Tête de canne levrette.	»	»	»	»	»	»	8	10	12	»	1
	Écritoire grenouille et lézard....	»	»	»	»	»	»	55	60	75	»	»
Marochetti....	Emmanuel pet. modèle	75	90	100	100	115	125	450	475	600	»	16
Anthommarchi	Le masque deNapoléon	5	8	15	10	13	20	50	60	100	»	12
	Le coussin pour le masque..........	10	13	20	20	23	30	60	70	150	»	»
Mélingue......	Duprez dans Guillaume Tell...........	25	30	40	30	35	45	100	110	175	»	12
D°........	François Ier..........	25	30	40	35	40	50	150	180	200	»	16
Boitel........	Napoléon en pied....	20	25	30	30	35	45	120	130	175	30	11

NOTA. — MM. Susse frères ont aussi en magasin toutes les sculptures publiées par MM. Duret, Pradier, Barre, Fratin, Barry, etc. ; enfin par tous les artistes distingués.

L'EXPOSITION,

JOURNAL

DE L'INDUSTRIE ET DES ARTS UTILES,

Se publie en six catégories :

1re Architecture ; 2e Ameublement ; 3e Bronzes et Dorures ;
4e Articles de Paris ;
5e Équipages et Sellerie ; 6e Mécanique et Outils.

Il paraît tous les mois une livraison de chaque catégorie, composée de quatre gravures sur acier (13 pouces sur 10) représentant chacune un des objets compris dans la catégorie qui répond à la livraison, et d'un texte explicatif où l'on trouve la description de l'objet, son application et ses proportions, le nom et l'adresse du producteur ou de celui chez lequel on le trouve, etc., etc.

Prix de l'abonnement par an pour chaque catégorie :

Paris, franco, en noir. . . . **24 fr.**
Id. en couleur.. **48**

Le port en sus pour les Départements et l'Étranger.

CHEZ LEBOUTEILLER, ÉDITEUR,

RUE DE LA BOURSE, N° 1, A PARIS.

www.ingramcontent.com/pod-product-compliance
Lightning Source LLC
Chambersburg PA
CBHW031425220326
41521CB00044B/975